新型职业农民培育系列教材

新型职业农民
素质能力培养

XINXING ZHIYE NONGMIN
SUZHI NENGLI PEIYANG

刘 志 牛红云 主编

中国农业科学技术出版社

图书在版编目（CIP）数据

新型职业农民素质能力培养／刘志，牛红云主编．—北京：中国农业科学技术出版社，2015.7

ISBN 978-7-5116-2055-2

Ⅰ.①新… Ⅱ.①刘…②牛… Ⅲ.①农民－素质教育－中国②农民－礼仪－中国 Ⅳ.①D422.6②K892.26

中国版本图书馆 CIP 数据核字（2015）第 071696 号

| 责任编辑 | 白姗姗 |
| 责任校对 | 贾海霞 |

出 版 者	中国农业科学技术出版社
	北京市中关村南大街 12 号　邮编：100081
电　话	（010）82106638（编辑室）　（010）82109702（发行部）
	（010）82109709（读者服务部）
传　真	（010）82106650
网　址	http://www.castp.cn
经 销 者	各地新华书店
印 刷 者	北京富泰印刷有限责任公司
开　本	850mm×1 168mm　1/32
印　张	8.25
字　数	207 千字
版　次	2015 年 7 月第 1 版　2015 年 7 月第 1 次印刷
定　价	25.80 元

前　言

随着我国经济发展的不断加速，农业已成为一个关系国际民生的战略产业，俗话说外稳强军，内稳强农，农业不仅是内稳的决定因素，更是国家地缘政治取得话语权的砝码。

2012年农业部提出要大力培育新型职业农民，解决"谁来种地，地谁来种"的问题。因此，培育一批有文化、懂技术、会经营、善管理、能创新、带动能力强、极具社会责任感新型职业农民已迫在眉睫！

在新的历史时期，结合我国基本国情、基本农情、基本民情开发一本针对于现代农业发展要求的农民素质能力培养的读本，是新常态下让新型职业农民具备相应的素质与能力发展现代农业，提升农产品的贡献率，实现强农富民的关键。随着改革开发步伐不断加快，科学技术的有效应用，经营模式的改革创新，都需要农业，尤其是新型职业农民为主体新型经营主体素质能力的不断提升作为保障。

本书共分为9章，分别为：概述、提升道德素质、增强法制意识、精神的养成、提高科技水平、懂得经营管理、责任的担当、身心健康、科学创业。多层面，系统化阐述了新型职业农民素质能力的定位问题。从为什么要培养到怎么培养，到培养了有什么作用，渐进式的对新型职业农民的素质能力培养问题进行了阐述。让农民一看就懂，一听就明，一说就知，一想就通，成为新型职业农民离不了手的红宝书！由于编写水平有限，书中错误之处在所难免，敬请读者指正！

编　者

2015年6月

目　录

第一章 概 述

　　随着我国经济发展的不断加速，农业已成为一个关系国际民生的战略产业，俗话说外稳强军，内稳强农，农业不仅是内稳的决定因素，更是国家地缘政治取得话语权的砝码。早在 2000 年初，"谁来种地，地谁来种"的问题就被许多专家提出来。

　　学习目标：

　　通过学习，深入了解新型职业农民的历史定位与现代农业发展之间的关系，使其树立自豪感。

第一节　新型职业农民的概念

　　我们所处的时代呼唤职业农民的出现，新型职业农民不再是"面朝黄土背朝天"的传统意义上的农民，新型职业农民务农已不再是简单维持生计的手段，而是一种受社会崇尚和尊重的职业。新型职业农民是指有文化、懂技术、会经营、善管理、能创新、带动能力强、极具社会责任感、具有科学文化素质、掌握现代农业生产技能，以农业生产、经营或服务作为终身职业，以农业收入作为主要收入来源，居住在农村或集镇的农业从业人员。按农业社会化分工，新型职业农民在类型上可以划分为 3 种类型：生产经营型、专业技能型和社会服务型职业农民。

　　目前，我国人均 GDP 已达 4 000 美元，社会经济发展出现了新特点与新机遇，具体表现为工业化、城市化进程进入中期加速的新成长阶段。在我国国内生产总值中，农业增加值的比重 2015 年将下降到 6% 左右；在就业结构中，农业劳动者的比重 2015 年将下降到 33% 左右；在城乡结构中，2015 年将达到 53% 左右。这些指标表明，中国总体上已经进入工业化、城市化进程的中期加速阶段。社会结构变迁进入破除城乡二元结构的新成长阶段。随着工业化和城市化进入结构转换阶段，城乡一体化发展成为新的发展要求。

当前我国城市化迅猛发展，农业生产力大大提高，农业份额下降迅速，传统农产品过剩和城市生态环境恶化以及人们消费水平提升等都提出了应重新认识农业功能与作用的要求。城市与农业融合发展，人与自然协调共处，对促进经济可持续发展将大有裨益。

2012年，中央"一号文件"立足于我国农村劳动力结构的新变化，着眼于现代农业发展的新需求，为培养未来现代农业经营主体首次提出了新型职业农民的概念。农业部在2012年下半年即开始着手新型职业农民培育试点工作。2014年、2015年中央"一号文件"又着重强调"加大新型职业农民和新型农业经营主体领办人的教育培训力度""积极发展农业职业教育，大力培养新型职业农民"的重要意义，正式确定新型职业农民这个职业的历史定位。

新型职业农民首先是农民，但与传统农民、兼业农民不同，新型职业农民除了符合农民的一般条件，还必须具备以下3个特点。

一是新型职业农民是市场主体。传统农民主要追求维持生计，而新型职业农民则充分地进入市场，并利用一切可能的选择使报酬最大化，一般具有较高的收入。二是新型职业农民具有高度的稳定性，把务农作为终身职业，而且后继有人。稳定性是农业特点对从业者的基本要求，以区别于对农业的短期行为。三是新型职业农民具有高度的社会责任感和现代观念，新型职业农民不仅有文化、懂技术、会经营，还要求其行为对生态、环境、社会和后人承担责任。

当职业农民不是一件容易的事，但这是大势所趋。实践证明，随着生产力的发展、城市功能的延伸和不断增长的消费需求，农业的隐性价值将会不断显现，而且会不断增值，这使得大城市都市型现代农业的发展方兴未艾。为提高农业经营者的素质，以适应农业现代化的需要，我们不仅要考虑农村劳动力的流出，也要考虑流入问题。高素质的职业农民可以促进农业现代化的发展，优化农村内部产业结构，为推动农业的产业化、科技化、集约化经营提供动力和条件。因此，加快发展现代农业必须同步推进农民职业化进程。

农民职业化还可吸引有志于农业的农村劳动力提高自身的职业化素质，促进务农人员的合理流动。职业农民是伴随着我国现代农业发展而产生的，他们拥有丰富的知识，掌握更高级的技术，熟知现代农业生产中多个环节的业务，能创造数倍于传统农民的收益，单纯从收入上来讲，职业农民甚至相比其他行业的多数人群还要高。职业农民从职业的角度上看，必然会得到社会尊重。

总之，新型职业农民是未来现代农业建设的根本支撑，新型职业农民是未来农业生产经营主体。这既是我国农业发展新阶段的客观需要，更是保障国家粮食安全供给，维护国家安全稳定的需要。

【案例】

职业农民有啥不一样？

浙江商人陈文新一年前在上海近郊承包了 1.3 公顷土地种植绿化苗木，成立了上海文新园艺公司。与传统农民不同，陈文新拥有一栋两层的办公楼，每天和他的 8 名雇员在此准时上下班。"我本来就是个地道的农民，10 年前辛辛苦苦干一年才能赚 1 000 元，因为种田的收益太少才出去经商；如今上海到处都是绿化工程，苗木种多少就能销多少，一年轻轻松松净赚 4 万元。活多了忙不过来，还雇了 8 个人帮忙。"

陈文新这样的农民，就是我们所说的新型职业农民。中国农业大学农民问题研究所所长朱启臻教授给"职业农民"下了一个定义：职业农民就是以市场运作实现利润最大化为目的、以农业为稳定职业、具有较高素质和社会责任的农民。如果说这个定义比较晦涩的话，我们可以相对简单地把种植大户、专业大户、养殖大户、农民经纪人、小型农业企业家等理解为职业农民。

从农村一般情况来看，职业农民是农业和农村发展的领头羊，他们的理念比较新，资金、技术等实力比较雄厚，经营能力和抗风险能力也强于一般农民。目前，国内尚没有关于职业农民的全面的统计数据，但从福建漳州11个市级农村固定观察点220个农户十几年来的跟踪调查数据来看，220个样本户中够上职业农民的有18户，占8.18%。18个大户中有12户成为当地的先富户，其余6户也位居中上水平。由此可见，职业农民在整个农户中所占比例很低（福建漳州为经济发达地区，职业农民的比重相对较高，一般地区的比例应低于8.18%），但劳动生产率和收入水平远高于一般农民。

如果把职业农民称为新型农民的话，那么与他们相对应的就是传统农民。"面朝黄土背朝天，辛辛苦苦干一年，不如城里人干几天"可能就是对他们最好的写照。如果也要下一个定义的话，可以把他们表述为：农村中依靠传统的方式进行农业生产、综合素质相对偏低、思想观念比较保守、经济实力和收入都较低的农民。这部分农民占全国农户总数的65%~70%。

展望我国农村发展的职业选择，农民将不再是一种身份印记，而是一种新型的职业选择。新型职业农民是发展现代农业的领头羊，也是社会主义新农村建设的主力军。

第二节　做合格的新型职业农民

农业文明是城市文明的源头，农民永远是人类其他人群的衣食父母。今天的中国，要保障13亿人吃上饭、吃好饭，谁来种地、如何种地是摆在眼前的首要问题。作为农业主体的农民，其素质高低，直接影响农业文明水平。创造条件让农民走向职业化，成为自身领域的行家里手，对于探索农业现代化意义重大。

当今中国的农业农村处于变化最大、发展最好的时期，也处于矛盾集中、挑战严峻的时期。在这个关键阶段，靠传统的农业发展方式，已无法承受经济社会发展之重。诺贝尔经济学奖获得者舒尔茨考察发展中国家的农业后曾提出，要充分发挥现代投入要素的作用，必须有两个重要条件：相配套的农业制度、相配套的新型农民。这里头，新型很重要的一条，就是要新在思维方式上，新在生产生活方式上。农业现代化，不能靠自给自足的小农生产获得，必须要有一批能够洞悉产业趋势、参与社会交往、融入城镇化进程的新型农民。这是时代呼唤，也是经济社会发展的内在规律。

职业化，直接对应的是职业的美誉度，这一方面要有国家政策的支持引导，一方面也需要社会各方的认可接纳。小康不小康，关键看老乡，创造条件让农民实现尊严生活、体面劳动，是全面建成小康社会的重要内容。我们在构建和完善农民职业化相应制度设计的同时，要更加注重提供充分的就业、医疗、养老等保障，解除后顾之忧。这样，农民才能在农业现代化的道路上真正甩开膀子，干出一片天地来。

所谓新型职业农民，是国家工业化、城市化达到相当水平之后，伴生的一种新型职业群体，将农民从身份转变成职业。新型职业农民培育是提供致富机会给农民，扶持农民，让农业经营有效益，让农业成为有奔头的产业，让农民成为体面的职业，让农村成为安居乐业的美丽家园，是让更多农民愿意留在农村从事农业的重要手段。美国人类学家沃尔夫曾把新型职业农民与传统农民作了对比分析。他认为，传统农民主要追求生计，是与市民身份相对应的群体；而新型职业农民则是充分地进入市场，将务农作为商品产业，并利用一切可能的选择使报酬最大化。

一、新型职业农民特质

要想成为一名合格的新型职业农民应有 4 个特质：一是尚农、爱农，全职务农；二是有文化，高素质；三是高收入；四是获得社会尊重。

（一）尚农、爱农，全职务农

作为合格的新型职业农民，首先要热爱农业，崇尚农业生产，把农民身份作为一种职业。新型职业农民的经济活动是以从事农业生产为主体，并以此为生计来源。那么以农产品的加工和销售为主业的，这些人能不能称其为新型职业农民？由于传统农业转为商品农业，农业产业化经营兴起，农业产业链条延展，农民的经济活动需从生产领域扩展至农产品加工、销售领域，因而他们也属于新型职业农民，只不过是为社会服务型的新型职业农民。在职业规划上，新型职业农民以务农为自己的终身职业选择，从而使得过去亦工亦农、亦城亦乡的"两边跑"成为历史。

（二）有文化，高素质

新型职业农民的高素质主要体现在两个方面：一是文化素质，文化不仅指学历，更多的是农耕文化与精神的养成；二是职业素质，包括具体专业技能、相关的经营管理能力。较高的文化素质是新型职业农民的基本素质；专业技能是新型职业农民的资质标识。在农业自身不断分化、细化的背景下，专业技能标准也将不断提高。同时，随着农业产业规模的不断发展与壮大和农业市场化的进程不断加快，新型职业农民更应具备极强的市场意识，具有营销、品牌、借用现代信息手段经营等新的理念。

（三）具有生产经营特色，高收入

新型职业农民有别于传统农民，虽然同是从事农业生产，一般新型职业农民的收入水平要远远高于传统农民，并在生产、服务和经营方面具有自己的规模和特色。从经济发达国家的经验来看，新型职业农民的收入都能与城市居民齐平，甚至略高。如日本1973年后，农民收入就一直高于城市居民；美国农民的收入也是略高于城市居民。中国未来的新型职业农民不但要比一般市民收入高，甚至要高于国家公务员，与高技能人才相当。

（四）赢得社会尊重

新型职业农民将破除社会对传统农民"身份"的歧视，真正从社会成员阶层转为经济产业职业，与教师、公务员、医生等其他职业一样得到社会高度的认同与尊重。

对于中国这样的以传统农业大国为符号的发展中国家来说，抓紧培育新型职业农民，是转变农业发展方式、打牢农业基础、提升农民社会地位、建设和谐社会、实现"中国梦"的战略选择。培育新型职业农民，是一项长期工作，也是一个系统工程，必须立足当下，着眼长远，以市场配置资源为基础，发挥政府的主导作用，激发农民自身的主动性，制定科学规划，并且要锲而不舍地强力实施下去。

【案例】

职业农民干什么？

窦华军，是天津市大港区太平镇远近闻名的农机大户。窦华军有一座自行设计的车库，里面停放着多台农机具。他是从2004年开始投资买农机的，最初只有一台小麦收割机。目前，他已拥有11台大中型农机具。每当区农机局计划推广一种新农机时，他都会先行先试。2006年政府号召太平村实行玉米秸秆还田试验，窦华军购买了一台玉米收割机。因为是新物件，很多人不敢用，他率先在自家地里做上了试验。通过试验，他不仅熟悉了新机械，还打消了大家的疑虑，从那以后玉米机收在全村推广开了。窦华军的农机服务越做越大，不仅全村的土地都包给他耕作，他的农机服务业务还开拓到了河北省等地。

石振民、杨秀岩夫妇，是黑龙江省五常市远近闻名的种粮大户。2004 年以后，村里 3 700 多口人，有 2 200 多人陆续外出务工，看着村里留守的妇女、儿童和老人，石振民提出把他们耕种不好的土地承包下来。乡亲们一听不用种地就能拿到钱，农忙的时候还可以额外打打工，不少人就主动把地转租给了石振民，石家的承包田六七年间发展到近 1.2 万亩。他们耕种的土地横跨 5 个乡镇 16 个村。他购买了 20 多台（套）大型农机具，有时不够用还得租借一些；秋收时候，每天用工 300 多人。2003 年，他家生产粮食 1 500 多万斤，能装满 100 多节火车皮，纯收入至少 500 万元以上。

李进民，山西省清徐县一位地地道道的农民，2006 年被评为太原市十佳农民经纪人。20 世纪 80 年代，李进民便开始和蔬菜打交道。从最初的骑着自行车走街串巷卖菜，到在大城市设立自己的销售点，再到蔬菜出口，20 年间，他的蔬菜生意从本乡本土做到了海外。1996 年，李进民经多方考察得知，日本胡萝卜品种好，便赶赴日本为菜农买回了种子。为打消菜农的疑虑，他提前与菜农签订收购合同。根据各国市场行情和对蔬菜的规格要求，李进民又将自己的信息、经验推广到晋中、阳曲等地，并走到地头对农民进行"产前、产中、产后"指导。他说："我是农民，我的目标就是带领更多的农民走上富裕道路。"

这 3 个职业农民所干的职业各不相同，但如果仔细分析，却可以发现，他们主要集中在以下几个行业：一是新兴行业，如窦华军就在当地率先进行玉米的机械化收割。这是因为，新兴行业虽然具有较高的利润，但往往也具有较高的风险，而小农户的风险承受能力和冒险的意识要低于职业农民，因此职业农民会率先进入新兴行业，并从中获得较高的收益。二是具有较大规模的行业，如石振民夫妇。这是因为规模经营一方面需要较大的资金支持，另一方面也需要较高的管理水平和技术水平。职业农民在资金、技术、管理等方面与传统农民相比具有明显的优势，因此他们能够从事较大规模的生产经营。大规模的生产经营会提高资源配置效率，进而带来规模效益；这反过来又进一步增强了职业农民的实力，从而形成了规模和效益的良性互动。三是服务性行业，如李进民从事蔬菜经纪人行业。经济学上的微笑曲线理论可以解释这一问题。一个产业的利润，在整个产业链上的分布并不是均匀的。一般而言，研发、销售等服务领域的利润要高于生产领域。研发、销售等服务领域处于产业链的前后两端，生产则处于中间位置。那么利润分布就呈现出一条两头高、中间低的曲线，这条曲线非常像一个微笑的嘴巴，所以取名"微笑曲线"。因为具有较高的利润，所以许多具有经济头脑的职业农民选择从事服务性行业，而不是低利润的生产性行业。

从以上几位职业农民的例子可以看出，职业农民通过率先采用新技术、发展规模经营等方式，获得了远高于普通农民的经济效益。但是，成为一名职业农民就只有经济效益吗？不是，职业农民还会带来多种社会效益。

首先，可以解决"无人种地"问题。随着我国二三产业的不断发展，越来越多的农民走出农业和农村进入二三产业和城市就业。于是，另一个问题就逐步凸显出来："谁来种地？"职业农民为解决这个难题提供了思路。

其次，能带动新事物的普及。在窦华军最初引进玉米联合收割机的时候，因为乡亲们对这种新事物了解不充分，因此他们不敢用，也就得不到新事物带来的收益。窦华军第一个"吃螃蟹"，虽然承担了风险，但也获得了比一般农民更多的收入，经营的规模也扩大了。玉米联合收割机的使用，一方面产生了良好的经济效益，另一方面乡亲们对新事物的了解也越来越多，于是又有一部分村民开始向窦华军学习，新农机的应用范围扩大了。我们把这些农民称为"学习仿效型农民"。这个例子实际上反映了经济学上新事物扩散的一个过程：从职业农民，到学习仿效型农民，最后到普通农民。职业农民率先采用新事物，在他们的带领下，新事物逐步扩散到普通农民，于是，当地农业的整体水平就提高了。

二、如何成为新型职业农民

自身的努力：以上几个人的成长经历明确告诉我们，自身的努力是成为职业农民最主要的因素。新的理念、新的技能都是通过他们不断地学习和努力才能掌握的。随着农业的不断发展，新品种、新技术、新市场不断出现，这对农民自身素质的要求越来越高，而只有学习和努力，才能保证自身素质能够适应新条件下的新要求。

政策的扶持：政府要切实为职业农民的培育做好服务工作，建立全方位的综合服务体系，尽快出台相关扶持政策，在工商登记、项目审批、技能培训、土地、税费、融资等方面给予优惠。

社会的帮助：河南省鹤壁市南苏村有 1 930 口人，原来主要种植小麦和玉米，人均年收入仅 6 000 元。后来，河南省农业产业化重点龙头企业中鹤现代农业产业集团有限公司把产业链条延伸到田间，把农业大田建成"第一车间"，该村 22 名种田能手成立农机合作社，负责代管全村 3 000 多亩土地，初步形成"龙头企业＋合作社＋职业农民"的经营模式。正常年景该村 22 名"职业农民"年人均收入近 3 万元。可以看出，龙头企业的带动和帮助，有效促进了职业农民的成长。一个完整的产业链条，一种不同环节利益共享的利益联结机制，是职业农民培养的重要条件。

因此，要动员社会各界力量，支持和帮助职业农民的发展。要鼓励和吸引各类教育资源向职业农民培育投资，真正把人才引到农业教育、生产的第一线上来，给农村营造一种良好的科技、文化环境，确保职业农民的知识、技能得到及时更新。

第三节 培育新型职业农民的意义

孔子有句话叫做"理失而求诸野"，乡村对智慧的培养起着不可替代的作用。村落的教化途径有很多，可以通过家风、村规民约、节日与习俗、农业劳动等方式来实现。村落教化也有很多特点，自然而然地对人进行教育，潜移默化的，通过言传身教，示范的功能，使人的行为受到影响，其教化的内容和手段是综合的，且途径也是多元的。

中央提出新农村建设要推动"物的新农村"和"人的新农村"建设齐头并进克服见物不见人的倾向。"人的新农村"建设有3个方面：一是要留住人或者说能够吸引人，把一些有素质的人吸引并稳定在乡村；二是要提升人，提升他们的发展能力和素质；三是要教化人，使人变成对社会有益的人。

2014年的中央农村经济工作会议，对农村改革提出了明确要求。大力培育新型职业农民，是深化农村改革、增强农村发展活力的重大举措，也是发展现代农业、保障重要农产品有效供给的关键环节。

一、培育新型职业农民，是确保国家粮食安全和重要农产品有效供给的迫切需要

解决13亿人的吃饭问题，始终是治国安邦的头等大事。2004—2013年，我国粮食生产实现历史性的"十连增"。主要农产品供求仍然处于"总量基本平衡、结构性紧缺"的状况。随着人口总量增加、城镇人口比重上升、居民消费水平提高、农产品工业用途拓展，我国农产品需求呈刚性增长。习近平总书记强调，中国人的饭碗要牢牢端在自己手里，就要提高我国的农业综合生产能力，让十几亿中国人吃饱吃好、吃得安全放心，最根本的还得依靠农民，特别是要依靠高素质的新型职业农民。只有加

快培养一代新型职业农民，调动其生产积极性，农民队伍的整体素质才能得到提升，农业问题才能得到很好解决，粮食安全才能得到有效保障。

二、培育新型职业农民，是推进现代农业转型升级迫切需要

当前，我国正处于改造传统农业、发展现代农业的关键时期。农业生产经营方式正从单一农户、种养为主、手工劳动为主，向主体多元、领域拓宽、广泛采用农业机械和现代科技转变，现代农业已发展成为一、二、三产业高度融合的产业体系。支撑现代农业发展的人才青黄不接，农民科技文化水平不高，许多农民不会运用先进的农业技术和生产工具，接受新技术新知识的能力不强。只有培养一大批具有较强市场意识，懂经营、会管理、有技术的新型职业农民，现代农业发展才能顺利推进。

三、培育新型职业农民，是构建新型农业经营体系的迫切需要

改革开放以来，我国农村劳动力和大农业劳动力数量不断减少、素质结构性下降的问题日益突出。以妇女和中老年为主，小学及以下文化程度比重超过50%，60%以上的新生代农民工不愿意回乡务农。今后"谁来种地"成为一个重大而紧迫的课题。确保农业发展"后继有人"，关键是要构建新型农业经营体系，发展专业大户、家庭农场、农民合作社、产业化龙头企业和农业社会化服务组织等新型农业经营主体。把新型职业农民培养作为关系长远、关系根本的大事来抓，通过技术培训、政策扶持等措施，留住一批拥有较高素质的青壮年农民从事农业，不断增强农业农村发展活力。

【案例】

斧头湖上扬帆　　螃蟹行里横行
——记江夏区十大青年创业标兵曾令洲

斧头湖，方圆百里，水资源十分丰富。很久以来，养育了江

夏、咸宁、嘉鱼、蒲圻四区县周边的渔民。地处江夏区最南端的法泗镇新河村，就是斧头湖边的一个小渔村。一个渔民的后代，凭着执著创业的勇气敢于创新的精神，坚守一腔碧水情怀，为湖区渔民摸索了一条水产生态养殖的道路。他，就是阳光工程农民创业培训班学员、武汉市江夏区十大青年创业标兵、优秀共产党员曾令洲。

1995 年毕业于江夏区农校的曾令洲，放弃了在城里工作的机会，就随父亲下湖，与人合股经营 2 600 亩（15 亩 = 1 公顷。全书同）水面。不料遭遇 1996 年的水灾，使其几乎倾家荡产，一直以来以养殖为生，他有一句话年龄是资本。

经历了水灾后，曾令洲更是显得艰难，一方水土养着一方人，还是在这斧头湖上，他不断摸索养殖经验，从管理入手，结合他的养殖实践着手淡水特色养殖。2006 年，他开始尝试养蟹。在 1 200 亩水面上投放蟹苗 2 000 斤（1 斤 = 0.5 千克。全书同），由于经验不足，当年 10 月只产 123 斤成蟹，亏损近 30 万元，无情的斧头湖又一次把他淹没了。"为什么？到底为什么？"三年来他一直在分析原因。2 次的失败让他不知所措，离上一次失败整整 10 年才恢复元气。到下次难道还要用 10 年吗？2010 年初，江夏区阳关工程农民创业培训班开班了，怀着创业希望的他来到创业的学堂，一天、两天、三天……被太阳侵蚀得像炭一样的脸上露出了四年来最灿烂的笑容，他终于找到失败的原因了。一边到梁子湖、洪湖和江苏等地考察，请顾问专家到家进行技术指导。一边在生产过程中狠抓生产环节的管理，从蓄草场到进蟹苗、从投饵料到防蟹逃跑措施，处处严格把关。他常常是白天组织生产，夜晚划船巡湖。功夫不负有心人，这一年产蟹 2.3 万斤、产鱼 8.7 万斤，产值达 110 万元。这样的收获，一跃成为全湖区亩（1 亩 ≈ 667 平方米。全书同）产养蟹效益的榜首。

在喜悦面前，曾令洲仍保持清醒的头脑。因为他从市场销售中发现自己的螃蟹价格总比别人低。为了找出原因，他带着自己的产品，到江苏阳澄湖、南京高醇和省内的梁子湖等地进行"螃蟹比拼"。一番较量下来，他明白了，自己的螃蟹比别人大，质量比别人优，价格却比别人低。原来，别人靠品牌出高效。恍然大悟的曾令洲出招了：他提着螃蟹参加了江夏区梁子湖螃蟹节。他销出的数量不多，但因自己的产品规格大、质量优、味道纯，当时就得到顾客的认可，在市场上很快有了名气。

曾令洲通过闯市场，更清楚地看到了"品牌效应"。于是他在工商局注册了营业执照，组建了"武汉市江夏区金斧生态养殖场"，并向国家工商行政管理总局商标局申请了"斧头湖"大闸蟹商标。

如今，曾令洲养殖场"以市场为导向，精养引路，草蟹鱼综合配套"的生态养殖模式，已被全湖的养殖业主借鉴。有记者问："你摸索的生产模式，为什么要向别人介绍？"曾令洲不假思索地回答："我是斧头湖的儿子，是斧头湖养育我。我富了不是真富，我要让更多斧头湖的儿子一起富起来，才是真富。"曾令洲多年的行动，对他这段话作了最好的证明。邻村的万德平曾帮曾令洲打工，现在也成了生态养鱼蟹的老板了。像这样直接受到帮助的对象有 32 户，受益达 118 人。

如今曾令洲可是斧头湖的红人，2009 年 11 月被评为江夏区十大青年创业标兵。曾令洲在"斧头湖"上扬起创业的风帆，如今在他的带领下，他的蟹友们将横行中华大地。

第四节　新型职业农民与农业标准化

党的十七届五中全会指出，发展现代农业，根本途径是不断提高农业专业化、标准化、规模化和集约化水平。"四化"当中，专业化分工需要标准化支撑，规模化生产需要标准化指导，集约化经营需要标准化管理。转变农业发展方式，建设现代农业，迫切需要全面深入推进农业标准化。农业标准化是提高农产品质量和卫生安全水平的前提和基础。农产品质量安全水平的提高是增强农产品国际竞争力的需要，也是提高人们消费质量的需要。党的十八大报告提出，坚持和完善农村基本经营制度，建立集约化、组织化、社会化、专业化的农村生产经营的新体制。2013 年中央一号文件提出，不断创新生产经营体制，不断提高农民的组织化程度；鼓励和支持承包土地向专业大户、家庭农场、农民合作社流转。未来的农业发展趋势，以专业大户、家庭农场和农民合作社、农业龙头企业为主体的新型职业农民将逐步代替一家一户的散户，将成为现代农业生产经营的主力军。因此，随着农业农村经济改革的持续推进，农业生产经营模式的不断优化，新型职业农民将成为实施好农业标准化的主力军。

农业标准化是指以农业为对象的标准化活动。具体来说，是指为了有关各方面的利益，对农业经济、技术、科学、管理活动中需要统一、协调的各类对象，制订并实施标准，使之实现必要而合理的统一活动。其目的是将农业的科技成果和多年的生产实践相结合，制定成"文字简明、通俗易懂、逻辑严谨、便于操作"的技术标准和管理标准向农民推广，最终生产出质优、量多的农产品供应市场，不但能使农民增收，同时还能很好地保护生态环境。其内涵就是指农业生产经营活动要以市场为导向，建立健全规范化的工艺流程和衡量标准。

一、农业标准化的内容

农业标准化的内容十分广泛，主要有以下 8 项。

（1）农业基础标准：是指在一定范围内作为其他标准的基础并普遍使用的标准。主要是指在农业生产技术中所涉及的名词、术语、符号、定义、计量、包装、运输、贮存、科技档案管理及分析测试标准等。

（2）种子、种苗标准：主要包括农、林、果、蔬等种子、种苗、种畜、种禽、鱼苗等品种种性和种子质量分级标准、生产技术操作规程、包装、运输、贮存、标志及检验方法等。

（3）产品标准：是指为保证产品的适用性，对产品必须达到的某些或全部要求制订的标准。主要包括农林牧渔等产品品种、规格、质量分级、试验方法、包装、运输、贮存、农机具标准、农资标准以及农业用分析测试仪器标准等。

（4）方法标准：是指以试验、检查、分析、抽样、统计、计算、测定、作业等各种方法为对象而制定的标准。包括选育、栽培、饲养等技术操作规程、规范、试验设计、病虫害测报、农药使用、动植物检疫等方法或条例。

（5）环境保护标准：是指为保护环境和有利于生态平衡、对大气、水质、土壤、噪声等环境质量、污染源检测方法以及其他有关事项制订的标准。例如水质、水土保持、农药安全使用、绿化等方面的标准。

（6）卫生标准：是指为了保护人体和其他动物身体健康，对食品饲料及其他方面的卫生要求而制订的农产品卫生标准。主要包括农产品中的农药残留及重金属等有害物质残留允许量的标准。

（7）农业工程和工程构件标准：是指围绕农业基本建设中各类工程的勘察、规划、设计、施工、安装、验收，以及农业工程构件等方面需要协调统一的事项所制订的标准。如塑料大棚、种子库、沼气池、牧场、畜禽圈舍、鱼塘、人工气候室等。

（8）管理标准：是指对农业标准领域中需要协调统一的管理事项所制订的标准。如标准分级管理办法、农产品质量监督检验办法及各种审定办法等。

二、农业标准化的现实意义

目前，我国农业已经进入新的发展阶段，表现为农产品供求出现结构性、阶段性过剩，质量安全问题和农民收入增长缓慢问题非常突出。适应市场经济体制要求，以新技术、新机制促进传统农业的改造升级、加快农业现代化建设步伐成为新阶段农业发展的战略选择。现代农业发展的经验和山东等地农业标准工作的成功实践表明，农业标准化把先进的科学技术和成熟的经验组装成农业标准，推广应用到农业生产和经营活动中，把科技成果转化为现实的生产力，使农业发展科学化、系统化，是推动农业产业升级的一项十分重要的基础性工作。中共中央、国务院《关于促进农民增收收入若干政策意见》中，已经把"进一步加强农业标准化工作，深入开展农业标准化示范区建设""全面提高农产品质量"作为增加农民收入的重要措施之一。国务院副总理回良玉在全国农业标准化工作会议上也指出："做好新阶段农业标准化工作，是贯彻党的十六届三中全会精神的一项具体举措，是促进农业增效、农民增收、农村经济发展的一件大事，也是确保农产品消费安全的一件实事"。因此，围绕满足市场需求，保障消费安全，增强农产品市场竞争能力，促进农产品生产数量、质量、效益并重，增加农民收入，具有非常重要的现实意义。

（一）推行农业标准化是加强农产品质量监管，保障消费安全的重要基础性工作

随着人民生活水平的不断提高，农产品质量、安全问题越来越被广大消费者所关心和重视，对农产品消费安全的呼声越来越高。但由于长期以来片面追求数量和分散、粗放的农产品生产经营方式，有些生产者使用违禁农药、不合理使用化肥，导致农产品有害物质残留问题比较突出，不仅威胁消费安全，而且破坏生态环境。解决这些问题的根本措施就是通过推行农业标准化，不断提高农民科学合理用药、用肥的能力和自觉性，用标准规范农业生产、加工行为。同时，标准化生产与加工技术的推广，也为农产品质量监管提供了标准支撑，使农产品质量安全监管主体明确、环节清晰、依据充分，提高了监管效能。

（二）推行农业标准化是促进农业结构调整，增加农民收入的需要

农业标准化涉及农业产前、产中、产后多个环节，以食用安全和市场需求为目标制定农业标准，通过实施农业标准，综合运用新技术、新成果、普及推广新品种，在促进传统优势产业升级的同时，促进农业生产结构向优质高效品种调整，实现农业资源的合理利用和农业生产要素的优化组合，促进农业素质的整体提高，为提高农业效益奠定了基础。农业标准化的实施将全面改善农产品品质、提高农产品内在和外观质量，成为品牌、名牌产品的质量保证，是实现优质优价、增加农民收入的基本保障。

（三）推行农业标准化是应对技术性贸易壁垒，增强农产品市场竞争力的需要

近年来，一些发达国家实施以标准为基础的国际贸易发展战略，提高农产品市场准入门坎，已成为制约我国农产品出口的主要障碍。我国加入世贸组织后，面对激烈的农产品市场竞争和日益严重的技术性贸易壁垒，要做好优势农产品能"打出去"、受冲击农产品能"守得住"两篇大文章，就必须加快推进农业标准化，下大力气增强我国农产品的国际竞争力，下大力气提高我国农产品贸易的技术保护力。

（四）推行农业标准化是农业科技成果转化为生产力的最佳桥梁

农业标准化是"科技兴农"的载体和基础。它通过把先进的科学技术和成熟的经验组装成农业标准，推广应用到农业生产和经营活动中，把科技成果转化为现实的生产力，从而取得经济、社会和生态的最佳效益，达到高产、优质、高效的目的。它融先进的技术、经济、管理于一体，使农业发展科学化、系统化。因此，实施农业标准化的过程就是推广农业新技术的过程，就是农民学技术、用技术的过程，是促进农业由粗放型向集约型、由数量型向数量质量并重型、由传统农业向现代农业的转变的过程，是新阶段农技推广的重要手段。

（五）推行农业标准化是新时期各级政府转变职能、指导农业发展的重要手段

推行农业标准化是一条推广科学技术、指导农业生产的新路子，它适应了新时期各级政府科学指导农业与农村经济发展的需要，促进政府职能进一步向服务市场农业转变。农业标准化融先进的科学技术、管理于一体，以解决农产品质量安全、增加农民收入、促进农业产业升级为目标，推行农业标准化不仅是推进农业现代化的重要手段，也是农业战线与时俱进，开拓创新，贯彻落实党的十六大精神的具体行动，是实践"三个代表"重要思想的重要举措。

三、农业标准化对我国农业发展的深远影响

（一）农业标准化将改变传统农业经营理念，加快农业市场化进程

农业标准化的实施，将逐步提高全社会对农产品生产与消费的质量意识，人们对农产品的生产和消费行为将更加注重其标准和规格。近年来，伴随着农产品供求关系发生变化，国家逐步放开了农产品市场，农产品生产也由产品生产逐步转变为商品生产，传统的农业生产经营理念将彻底转变，代之以工业化商品生产的经营理念。推行农业标准化加快了农业商品化生产的进程，促进了农业市场经济体制的发育。生产经营者将更加重视生产的规范化、包装的规格化、流通的有序化和物流效率，更加依赖市场需求信息调整生产标准和技术规程；消费者也将改变单纯对农产品的数量满足，而代之依据标准衡量其质量、卫生指标以及营养状况，依据产品生产来源记录进行质量鉴别和质量追溯。

（二）农业标准化将提高农业整体素质，促进农业现代化进程

现代农业是广泛应用现代科学技术、现代工业提供的生产资料和科学管理方法的社会化大生产的农业。标准化集现代科学技术和现代管理技术于一体，具有科技推广和科学管理的双重性。没有农业的标准化也就没有农业的现代化。推进农业标

准化，用现代工业的理念来谋划和管理农业，用现代科学技术来改造传统农业，用现代标准来规范农业生产和农产品经营，用现代组织方式来完善家庭承包经营，从而提高农业的科技含量和生产经营的管理水平。与此同时，农业标准化技术的快速应用推广，反过来将刺激农业科学基础研究的开展，形成研发、推广的良性循环。

（三）农业标准化将提高农业组织化程度，促进农业经营机制创新

农业标准化的实施，必须依托一定的组织体系，形成规模化生产经营单元。市场经济体制迫使广大生产、经营者必须以标准化规范生产经营行为，生产、经营者将不得不按照市场对资源的配置要求以不同的方式结合，形成规模化、组织化生产经营联合体，这些联合体表现为协会、协会等合作经济组织、农业龙头企业、市场流通组织等多种组织形态。因此，农业标准化的实施和推进，实际上也是提高农业组织化程度和生产经营规模、推进农业产业化发展的过程。

（四）农业标准化将进一步优化农业产业结构

首先是优化农产品结构。农业标准化的实施，将不断提高优质农产品的比例，促进农产品生产向"保证数量、提高质量、注重效益"的优质高效型农业发展，以标准化组织生产、加工的优质产品将逐步改变目前粗放型大路农产品主宰市场的割据，在品种和品质结构上更符合市场需求。第二是优化农产品区域布局结构。标准化将促进区域优势产品的升级，使之规模化程度、规范化生产水平更高、产业化经营能力更强，农产品区域布局在依托资源优势的同时，更加依赖标准化生产技术水平。第三是优化农村产业结构。农业标准化的生产经营，将促进农业产业的内部分化，由于标准化生产的规模不断扩大，农村产业内部的各个环节将逐步趋向专业化，并分化为多个子产业，如产前农资专供、产中技术服务、产后专业化加工、专业化流通以及专业化信息服务等。第四是标准化的生产、加工和流通，链条清晰、环节专业，促进了农业劳动力的分工，促进了农业劳动力在农业产业内部各子产业的就业结构调整，不断壮大的农产品加工流通业将有效缓解目前农业劳动力转移的压力。

农业标准化本来是为了保护消费者健康安全，但近年来很大程度上却成为农产品进口国设置贸易技术壁垒的主要手段，而且在向越来越严格和复杂化的方向发展。随着农业市场化程度的不断提高，推进农业标准化是当前和今后一段时期农业发展的重点。加强新型职业农民知识和技能的培训是标准化实施的核心步骤，以省级农业技术推广部门为主体，联合科研院所，发挥基层农技推广部门的作用，加强对农业龙头企业、农民专业合作社、专业大户和家庭农场主等新型主体的培训，着力培养一批懂法律、懂技术、善经营、会管理的现代职业农民，推进我国农业标准化发展，增加农产品质量安全，增强农产品的国际竞争力。

【经验】

发达国家农业标准化的经验做法

随着世界各国对农产品安全、绿色、优质的需求和农业全球化进程的加快，近30多年来，美国、日本和欧盟等发达国家积极推进农业标准化发展，主要采取了以下几方面的措施。

措施之一：从农场到餐桌制定不同的农产品标准，且具有很强的可操作性，实施农产品全过程的标准化。

标准涉及食用农产品的生产、加工、销售、包装、运输、贮存、标签、品质、等级、食品添加剂和污染物、最大兽药残留物允许含量和最大杀虫剂残留物允许含量等要求，以及特殊的具体规定，甚至还包括农产品进出口检验和认证制度、农产品取样和分析方法等方面的标准规定，具有很强的可操作性和可检验性。

一是农产品生产环境的标准化。随着人们对生命健康的追求以及对无污染、无公害的绿色食品需求的不断增长，发达国家在生产有机绿色农产品及其他特定农产品时，对农产品生产环境实施标准化。

二是农业生产过程与工艺的标准化。发达国家的农业生产过程与工艺的标准化非常严格具体。如欧盟各国在进行农产品生产过程中，严格依据国际统一标准（ISO 9001）、欧盟统一标准（HACCP）、国家标准（BRC）、行业标准 EUREP/GAP（可以是跨国性的）等，并把这些标准贯穿于生产、加工、流通全过程，而且其标准覆盖率达到98%~100%，使农产品的生产过程，包括从农作物种子选育和育苗时候的培土到使用的肥料、农药和农产品加工过程中车间的卫生条件、加工设备的条件、包装材料、储运时间、温度以及储存的天数等都要遵守有关食品安全和质量保证标准。日本在农产品生产过程和工艺标准化上则更加具体。如日本将农作物生产过程和工艺标准制定为区域实验的实施调查标准、特性鉴定实验标准等，此外，日本在农产品的收获、加工、收藏方法等方面也制定标准，这些标准经过审定与登记后，都受到法律的保护。

三是农产品质量的标准化。如果说农产品生产过程标准化主要是注重产前、产中标准，那么农产品质量标准化则注重产后标准。目前，发达国家无论在农产品质量标准的制定上，还是所采取的措施上都是非常严格的。

措施之二：注重与国际标准和国外先进的标准接轨，又结合本国或本区域的具体情况加以细化。由于对 ISO 9000 国际质量管理系列标准和 ISO 14000 国际环境系列标准进行全面的了解和研究，在制定标准时聚焦于国际市场，对引用或参照采用国际标准和国外先进标准给予充分考虑。发达国家除履行 ISO 9001、《动植物卫生检疫措施协议》等有关农产品质量国际标准以外，其各国政府还参照国际通行标准，根据本国实际颁布一系列农产品质量的法规和政策，如欧盟统一标准（HACCP）、国家标准（BRC）和美国的水产品和禽肉生产加工操作规程等，以保证其农产品的加工生产达到安全与符合质量标准。

措施之三：标准强调系统化、法律化。从生产领域到加工，到贸易等都具有内在的制约和连带关系，不同的领域或部门都尽量做到各自所推行的标准不存在明显的冲突。同时，标准的制定与实施，尽量赋予法律的内涵和给予法律的保证。

发达国家制定的一系列农业标准化法规与政策，在实际执行中采取了严格的具体执法措施。

一是对不达标农产品采取严厉的惩罚手段。例如，欧盟国家多年以前就制定法规禁止抗生素超标牛奶上市（其标准为青霉素类药物残留的限量为千万分之十），牛奶在上市前必须经过检测，如发现有抗生素的牛奶，该牛奶场不但要停产和要求追回产品进行销毁，而且要处以罚金；日本所有农产品进入市场前都要按照标准进行严格的筛选和分级，对等外级的农产品是不允许进入市场销售的，而只能作为加工原料；美国对农产品的质量监督执法则把重点放在对污染、疾病、加工、残留、守法和经济欺骗六个危险领域进行"关键控"。

二是实行农产品质量识别标志。法国是欧盟国家中实行农产品质量识别标志制度最严格的国家之一，它对于优质产品，使用优质标签；对于载入生产加工技术条例标准的特色产品，使用认定其符合条例的标准合格证书。美国、日本等国家在绿色、优质农产品进入市场前也要实施识别标志制度。

【思考】

我国实现农业标准化的发展路径

探索既符合我国国情又与国际接轨的农业标准化的路子，是当前我国和今后一段时期农业发展亟待破解的难题。从我国和发达国家农业标准的对比分析及其经验做法可以看出，我国农业要实现标准化，至少要从以下4个方面寻找发展路径。

一是创新财产组织制度。以家庭为单位的联产承包责任制，曾给我国农民带来了实惠和富裕。但从现代农业标准化的要求来看，这种承包显然也存在着一些不足。每户的经营规模一般很小，分散经营，缺乏对种植、养殖的统一规划、指导和市场规范的收购加工体系，造成农民生产无序竞争、产品品种杂乱、无法有效进行规格标准管理。规模化生产是保证产品规格化、标准化的最佳条件，但在村大、户多、田地少的现实条件下，则亟需进行财产组织制度创新。随着社会主义市场经济的发展，加快土地依法、自愿、有偿流转，完善流转办法，逐步发展适度规模经营，也许是一条更适合于我国国情、更利于农业现代化的生产组织形式。在保障农户经营为主体的财产组织制度的同时，大力推行公司＋农户、股份合作制、农场制等专业化与规模经营相融共存的新财产组织形式。这些新的财产组织形式在家庭承包制的基础上放大了整合各种生产要素的能力，创造了农业的聚合规模，克服了小生产与大市场的矛盾，保证了土地经营规模及组织程度与社会生产发展的一致性，从而为农业标准化、现代化提供了相应的条件。

二是统一农产品标准。发达国家的农产品从农场到餐桌都有不同的农产品标准，且具有很强的可操作性。目前，我国有关部门在这方面尚缺乏统一和具体的组织指导，虽然在一些地区进行了标准化示范实验，但在我国大部分地区，传统农业还占有主导地位。农产品生产的各个流程在一些地方还比较原始和落后，农产品从生产、加工到销售各环节还没有统一的标准。实现农业标准化是一个系统工程，涉及方方面面，为了积极稳妥地抓实、抓出成效，可采取由点及面，循序渐进的方法。具体做法：一是从菜篮子产品、名特优产品、出口创汇产品和优质专用农产品抓起，逐步向大宗农产品扩展；二是从无公害产品和市场准入制度抓起，逐步向绿色食品、有机食品方向发展；三是从示范基地抓起，逐步向面上发展。在生产环节上，重点加强标准化技术的推广，严格管理制度，提高规范化操作水平；在加工环节上，要严格质量监控和检验把关，提高加工、保鲜、储运和包装质量，提高产品档次；在流通环节上，要加强监控，逐步实行农产品市场准入制度，推行优质优价政策。

三是注重标准的先进性。过去我国在制定标准时偏重国内市场，由于对 ISO 9000 国际质量管理系列标准和 ISO 14000 国际环境系列标准论证缺乏了解和研究，对引用或者参照采用国际标准考虑不多，现有的国家标准与国际标准有相当大的差距，其中很多产品的环保、检测技术标准更是空白。这方面教训很多，例如我国大米因农药残留量超标，而不能出口，只得积压国库数年；我国出口的瓜果蔬菜也由于各项指标没有达到国际标准而出口受阻。要想突破发达国家对我国农产品的绿色技术壁垒，首先要争取在尽可能短的时间内接近 ISO 14000 标准和发达国家最先进的环保标准。同时要参与国际标准组织的合作交流，力争实现双边和多边环境标志的相互认可。对于自己有比较优势的产品，要制定领先的国内标准，并且争取将国内标准上升为有利于本国的国际标准。

四是突出农产品的安全性。农产品的安全标准主要是农药、兽药的残留限制标准、有毒物质污染的限制标准，在这方面加大力度不仅仅是要把我国农产品推向国际市场的需要，同时也是我国人民提高生活质量的需要。近些年来，农药、兽药、饲料添加剂、化肥、激素等的使用不断增加，在为我国农业生产发挥积极作用的同时也产生了农业污染日益突出的问题。农产品质量安全问题的存在不仅危害人们的生命健康，损害消费者利益，而且也影响农产品的市场竞争力和出口，损害了我国的国际形象。当前应迅速建立重要农产品安全标准体系和监督检测体系。在两个体系建设的基础上，以重要农产品为突破口，实行从产地到加工、销售全过程的质量安全控制，使那些无信誉、产品质量安全不符合标准要求的产品无市场、无销路。另外，还要加紧对转基因农产品等现代农业科技成果安全性的研究，制定相应的标准；加强无公害绿色食品生产意识，推广生态农业；提高农作物生产使用农药的限制标准；加强环境治理，制定更高的农业生产环境标准。

【思考题】

1. 简述新型职业农民的概念。
2. 如何成为合格的新型职业农民？
3. 简述农业标准化的意义。

第二章　新型职业农民思想道德素质

全面建成小康社会的前提和基础是构建社会主义和谐社会，保持社会稳定，而加强农村的思想道德建设对整个社会的和谐稳定至关重要。改革开放以来，我国农村经济和社会发展取得了巨大成就，农民思想观念更加开放、生活方式更加现代化、发展能力也有很大的提高。但是，不可忽视的是农民传统价值观和道德信仰产生了动摇，道德滑坡现象时有发生，良好的乡风民俗渐行渐远，农民失去了原有的纯朴、善良，人与人之间关系变得冷漠、生疏。一些农民精神空虚，没有精神支柱，存在着"钱袋满了，脑袋空了，生活好了，人心散了"的状况。这些问题的产生严重影响了农村社会的和谐稳定，阻碍着新型农民的培养，制约着农村的经济发展。要解决这些矛盾和问题，彻底扭转农村社会风气，光靠发展经济是不够的，必须加强农村精神文明建设，用社会主义核心价值观来引领人民群众的思想，使偏离轨道的道德回到正轨。

学习目标：

通过学习，在深入了解道德素质的重要性和作用的基础上，分析新型职业农民的道德素质提升中面临的问题以及影响因素，使其提升自身的道德素质。

第一节　遵守社会公德

社会公德是人民共同生活在一起所共同遵守的公共生活准则和道德准则，它是自人类存在以来就与之俱在的，它是人们一切言行的伦理基础和社会精神文明的表现。有了良好的社会公德，人们才能生活在正常的社会秩序中，正常的工作和日常生活，它能陶冶个体道德情操，改善整个社会的道德风貌。然而人们总是将社会公德的目光放在经济繁华的城市之中，实际上，社会公德是反映国家意志和民族共同利益的道德规范，它所包含的范围和表现方面是大众的，普遍的，而农村这个经济和物质的弱势群体，总是容易被人们所忽视。随着农村社会的发展和进步，构建和谐、文明的农村社会环境，农民的社会公德建设具有更重要的现实意义。

一、加强公德意识，构建和谐社会主义新农村

改革开放以来，我们国家进入一个新的历史发展时期。改革开放政策的贯彻执行和社会主义市场经济体制的确立，带来了社会主义现代化事业的蓬勃发展。但是我们也应看到，随着对外开放的深入发展，西方资产阶级的人生观、价值观、道德观也不可避免地渗透进来，虽然这些经济的冲击力量不如给城市带来的大，但在农村中已经产生了不小的影响，农民在文化程度上需要一个很大的提高，要加强农村社会公德的建设，还是必须要从根本上解决问题。

社会公德作为社会普遍公认的基本的行为规范，不仅是农村精神文明建设的迫切要求，也是深入建设发展农村精神文明的突破口和重要基础性工程。一方面，加强新农村社会公德建设是农村精神文明建设的重要抓手，通过加强农村社会公德建设，可以提高广大农民群众的公德水平，陶冶广大农民群众的道德情操，使他们的思想境界进一步升华，精神生活更加充实，还可以规范农村的生产生活秩序，使农村公共活动更为健康，生活环境更为改善，最终提高农村的精神文明程度。另一方面，新农村社会公德状况也是一个窗口，时时处处都体现着农村精神文明的发展状况和全社会精神文明程度，可以说新农村社会公德的水平高低也体现了社会主义新农村的精神文明建设状况。由此可见，农村精神文明的加强需要提高全体农民的思想道德水平，只有每个人的

思想境界都达到一定水平，才可能实现整体精神文明程度的提高。所以说，社会公德是实现更高层次文明程度的基础，新农村社会公德建设是农村精神文明建设中的基础工程，需要切实加强，不容忽视。

加强新农村社会公德建设有利于社会主义新农村建设，突出表现在4个方面。一是有利于农村经济发展。特别是公德建设中相互尊重、讲求诚信等要求，与现代市场经济的基本要求是完全一致的，能够为农村经济的发展营造一个良好的社会环境。二是有利于维护社会稳定。农村的稳定是全国稳定的基础，由于社会的转型和经济政治发展的冲击，我国农村稳定状况不容乐观，加强农村社会公德建设，将为农村的稳定、和谐社会的建立带来积极影响。三是有利于提高社会文明程度。通过社会公德建设，使农民普遍树立正确的人生观、价值观，形成勤勉、自助、合作的新农民精神。四是有利于保护农村环境。通过提高农民的保护环境的意识，治理环境污染，纠正破坏环境行为，实现人与自然和谐相处。

社会主义新农村建设是新时期党中央以科学发展观统领农村经济社会发展全局作出的重大决策，是从根本上解决"三农"问题、充分体现执政为民理念的重大战略部署。党中央提出的社会主义新农村建设总体要求，囊括了农村经济建设、政治建设、文化建设、社会建设、党的建设等多个层面。社会主义新农村建设的主体是农民，本质在于通过培育新农村，大力提高农民的科技文化素质和思想道德水平，全面带动农业、农村的发展。只有提高农民整体素质，才可能推动农村生产发展，促进农民增收；才可能规范农村生产生活秩序，建设乡风文明、村容整洁、管理民主的新农村。这其中，思想道德水平是农民整体素质的重要内容，是充分发挥生产力三要素中最活跃的"人"的因素的先决条件。加强农村社会公德建设，必将大大提高农民思想道德水平，进而加快社会主义新农村建设步伐。

二、社会公德的主要内容

社会公德建设，是我国构建社会主义和谐社会一个十分重要的基础环节。《公民道德建设实施纲要》中指出，社会公德是我们每个公民在社会生活中最简单、最起码、最普通的行为准则，是维持社会公共生活正常、有序、健康进行的最基本条件。在一定程度上反映着一个国家、一个地区、一个城市、一个单位的道德水平和文明程度。其主要内容为：文明礼貌、助人为乐、爱护公物、保护环境、遵纪守法。一个人社会公德意识的强弱，也是一定程度上反映着他的精神境界和思想素质。因此，遵守社会公德是每个新型职业农民在社会交往和公共生活中应该遵循的行为准则，也是构建和谐新农村每个公民应有的品德操守。

（一）文明礼貌

文明礼貌是中华民族的优秀传统，也是社会公德的一个基本规范，是社会交往的必然产物，是调整和规范人际关系的行为准则，是沟通人与人之间情感的道德桥梁，是公共生活的自然法则。文明礼貌反映了个人的道德修养，体现着民族的整体素质。倡导和普及文明礼貌，是继承和弘扬中华民族传统美德、提高人们道德素质的迫切需要；是尊重人、理解人、关心人、帮助人，形成团结互助、平等友爱、共同前进的新型人际关系的迫切需要，也是树立国人良好国际形象的迫切需要。

（二）助人为乐

在社会公共生活中倡导助人为乐精神，是社会主义道德核心和原则在公共生活领域的体现，也是社会主义人道主义的基本要求。助人为乐是我国的传统美德。当一个人身处困境时，大家乐于相助，把别人的困难当作自己的困难，给予热情和真诚的帮助与关怀，这就是助人为乐。在现实社会中，每个人都在一定的人际交往中生活，每个社会成员都不能孤立地生存，而在生活中人人都会遇到一些困难、矛盾和问题，都需要别人的关心、爱护，更需要别人的支持、帮助。如果在社会生活中，每个人都能主动关心、帮助他人，从自己做起，从小事做起，从现在做起，使助人为乐在社会上蔚然成风，那么，你就能随时随地得到他人的帮助，感受到社会的温暖。

（三）爱护公物

爱护公共财物是社会公德的基本要求。我国宪法明文规定："公共财产不可侵犯""公民必须爱护和保卫公共财产"。爱护公共财物是每个公民应该承担的社会责任和义务，它既显示出个人的道德修养水平，也是整个社会文明水平的重要标志。公共财物包括一切公共场所的设施，它们是提高人民生活水平，使大家享有各种服务和便利的物质保证。珍惜、爱护公物，能使全社会的公共财物物尽其用，用有所值。相反，如果社会公共财物遭到破坏，社会全体人民的利益就会受到损害。所以，每个有责任心的公民，应当像珍惜与爱护自己的心爱之物一样，精心保护公共财物。

（四）保护环境

热爱自然、保护环境是当今时代社会公德的重要内容。环境问题是当前国际社会普遍关注的热点问题。近年来，黄河的长时间断流、沙尘暴的频频发生等一系列环境问题所带来的危害，使人们越来越清醒地认识到：环境和资源是人类生存和发展的基本条件。能不能有效地保护环境，关系到每个公民的生活质量和切身利益，关系到人们的安居乐业，关系到我们的子孙后代能否持续发展。保护环境，就是保护我们自己。每个公民要牢固树立环境保护意识，从小事做起，从身边做起，从自己做起。

（五）遵纪守法

遵纪守法是社会公德最基本的要求，是维护公共生活秩序的重要条件。遵纪守法的实践是提高人们社会公德水平的一个重要途径。俗话说：没有规矩，不成方圆。对一个公民来说，是否自觉维护公共场所秩序，纪律观念、法制意识强不强，体现着他的精神道德风貌。遵纪守法同时也是保护社会健康、有序发展的基础。在社会生活中，每个社会成员既要遵守国家颁布的有关法律、法规，也要遵守特定公共场所和单位的有关纪律规定。每个公民应当牢固树立法制观念，"以遵纪守法为荣、以违法乱纪为耻"，自觉遵守有关的纪律和法律。

三、加强公德意识构建和谐社会要从规范言行做起

社会公德是社会共同利益的反映，是社会文明程度的标尺。社会公德是全体公民在社会交往和公共生活中应该遵循的行为准则，是一个合格的公民在社会生活中的言行标准。构建和谐社会，人们必须维持正常的生活秩序，总是要自觉约束自己的言行，遵守一些最简单、最起码的公共秩序，这就是作为和谐基础的社会公德。因此，加强公德意识构建社会和谐就应当从规范人们的公共言行做起。

公共行为是人类社会的特征，是人类社会生活中所特有的，是依靠社会舆论、传统习惯和人们的内心信念调节人与人之间、人与社会之间关系问题而展开的。

首先，调节人与人之间在行为上的和谐，应从举止文明、待人接物礼貌大方、和悦的语气、亲切的称呼、诚挚的态度可以营造一种人际和谐的氛围；平等待人、尊重理解他人、帮助他人、设身处地为他人着想、助人为乐是为人民服务精神的直接体现，任何人都是社会的人，都不能脱离他人的帮助而存在，也不能脱离他人的关心而生活，人与人之间需要相互依存、相互关心、相互帮助。"赠人玫瑰，手有余香"，人人都去关心、爱护和帮助他人，可以促进造就社会和谐。

其次，调节在人与社会关系上的和谐。爱护公物、遵守公共秩序的自觉行为是构建和谐的主要内容。爱护公物要求公民关

心、爱护和保护国家财产，同一切破坏和浪费公共财物的行为作斗争。爱护公物是对社会共同劳动成果的珍惜和爱护的一种行为，是每个公民必须承担的社会责任和义务，随着社会现代化程度的日益提高，社会的公用设施得到妥善保护并保持良好的状态，是实现公共生活和谐有序进行的基本保证；遵守公共秩序意味着个体对纪律、规章、法规等社会公约的敬畏和遵守，意味着个体自我约束、严于律己、一丝不苟的奉献精神，意味着个体与社会的合作态度；不以规矩，不能成方圆，公共秩序对我们每个人、对我们的国家都是非常重要的，它代表了大家共同的要求和愿望，是社会文明的标志，是公德意识的体现。大家都自觉约束自己的行为遵守公共秩序，我们才能有一个秩序井然、安定文明的和谐社会环境，我们的生活才能正常进行。

第三，调节在人与自然行为上的和谐。爱护环境、保护环境，维护生态系统安全，与自然共生共存、协同发展，涉及每个人的切身利益和我们生活的整个社会环境。爱护环境、保护环境不仅仅是指讲究公共卫生、美化个人生活环境等，还包括节约一滴水、一粒米，爱护动植物和增强环保意识等行为，从而达到降低环境污染，维护生态平衡，合理开发利用自然资源的目的。由于我国是一个人口大国，社会环境复杂，人均资源十分有限。因此，爱护环境、保护环境对于可持续发展，维护子孙万代的根本利益，推动生态和谐，实现长治久安的社会和谐具有特别重要的意义。

一个国家、一个民族的文明和谐与我们公民的公德意识、人文素养离不开，这需要我们每一个人加强公德意识，从身边的点滴小事做起，模范遵守，从而达到弘扬美德、传承文明的效果。为我们和谐社会的构建添砖加瓦。

【案例】

刘绍安是一位战斗英雄，在朝鲜战场上，他与战友约定：

"万一我们中的一人死了，活着的人就要去照顾对方的父母。"战斗中，他的战友不幸牺牲。与战友的"生死之约"，让他义无反顾地踏上践诺之路。他拿出全部的积蓄和精力，投入到战友的家中。尽心尽力的照顾战友的家人，直至为老人养老送终，为弟、妹成家立业，才回到自己的家乡。刘绍安感人的经历拨动着世人的心弦。从他身上我们可以看到，无私奉献、自强不息的精神、恪守诚心的优良品质、"厚德载物"的宽阔胸襟，这些都是中华民族的优良道德传统。

这些优良道德传统，概括起来有：注重集体利益、国家利益和民族利益，强调对社会、民族、国家的责任意识和奉献精神；推崇"仁爱"原则，追求人际和谐；讲求谦敬礼让，强调克骄防矜；倡导言行一致，强调恪守诚信；追求精神境界，把道德理想的实现看作是一种高层次的需要；重视道德践履，强调修养的重要性，倡导道德主体要在完善自身中发挥自己的能动作用。

第二节　恪守农业职业道德

如今的农村出现了一些"怪现象"，农民不吃自己种的菜。正逢花菜丰收季节，浩浩荡荡清一色的花菜成了一道独特的风景线。然而那么多长势良好、整齐划一的花菜，农民却一口不吃，给自己吃的菜都种在自家后院。看看长势，农民给自己种的菜明显有点参差不齐，样子也不那么好看。

农作物有没有用过药，只有种植者自己清楚，但用药的原因你我都明白，"为了生存，为了轻松，为了赚钱"。商品经济下的不二法则，让农民更像商人。当你吃着一桌的饭菜，你很难想象它们是如何被种出来的。除草剂让土地寸草不生，杀虫剂将生物赶尽杀绝，取代昆虫授粉的是激素，而化肥彻底改变了土地的结构和酸碱度，因此，当你将饭菜夹入口中的时候，你可能是凶手、试验品或受害者？人们不断地重复说，中国有太多的人口，只有更高产才能满足所有人的需要；另一方面，农民正被低得离谱的菜价压得喘不过气来，纷纷想要逃离。不管从哪个方面来看，高产似乎都是重要的，否则就会有人饿肚子，就会有人亏本。

【案例】

食品的恶性循环—不吃自己卖的产品

几个在同一个城市打拼的老乡，想聚会一次。有人提议在饭店里聚餐，边吃边聊。话一出口，就被王厨师否定了。王厨师现在是一家名气很大的饭店的大厨。有人质疑王厨师是不是怕大伙到他的饭店吃饭？王厨师一脸无奈地解释说，实话告诉你们，咱们饭店的菜，味道是很可口，可是，别的就不说了，单咱们用的油，就都是地沟油，大家要是不怕死的话，就上咱们饭店吃去，我请客。大家唏嘘不已，那么大的饭店，竟用地沟油，真够黑心的。王厨师说，其他饭店也难保证安全，大家都是做生意的，我看了看，在座的卖什么的都有，干脆咱们各自带点自己卖的东西，到我住的地方去，我亲自做给大家吃。王厨师晃着大肚皮补充说，我可不是因为舍不得花钱才让大家带食物的啊，主要是现在市场上卖的东西，问题太多，吃着不放心，咱们自己带的东西，安全，放心。大家一致通过。

第二天，众人各自拎了一大堆吃的喝的，来到王厨师的家。大家各自打开自己带来的东西——卖水产的张老板，带来的竟然是几块豆腐。大家嘘他，张老板你也太小气了，这几年你卖水产发了，一年少说也要赚几十万元，咱们老乡难得聚会一次，你至少带几条黄鳝来，给大家补补啊，你瞧瞧你平时卖的那些黄鳝，个个粗得跟手腕似的。张老板苦笑说，不瞒兄弟们说，我平时卖的那些黄鳝啊、鱼啊、虾啊什么的，我自己家是从来不吃的。为什么？别的咱不说，就那黄鳝吧，为什么那么粗那么大？是因为喂了催肥药。我是不想拿来毒害大家啊。听了张老板的解释，众人点头称是。

接下来打开的，是卖豆腐的李老板。以为李老板带来的一定也是豆腐，万幸，李老板带来的是一大碗烤鸭。烤鸭的皮，黄澄澄，嫩滑滑，香喷喷，看一眼就让人口水直流。王厨师诧异地看着李老板，难道你有预见，知道张老板会带豆腐来，所以你就改带烤鸭来？你家的豆腐又白又嫩，还是很不错的，没带点来让我们尝尝，真是可惜了。李老板拍拍王厨师的肩说，说实话吧，我做的豆腐好看是好看，吃起来口感也不错，可是，那都是用"吊白块"做出来的，我家也是从来不吃自己的豆腐的。所以，我就到边上的烤鸭店买了点烤鸭来。

大家好奇地看着楼老板，他家是做烤鸭的，他会带什么来？楼老板不急不忙地打开了自己带来的食物：竟然是一袋子油条。难道楼老板不卖烤鸭，改炸油条了？楼老板头摇得跟拨浪鼓似的说，当然不是，烤鸭为我带来了滚滚财富，我怎么会改行呢。只是和大家一样，我们也是从来不吃自己烤的鸭子的。为什么？有人问，烤鸭能有什么问题？楼老板说，今天都不是外人，我也就实话实说了，现在的鸭子，大都是吃激素长大的，而且为了让烤出来的鸭子不起皮，好看，我在鸭子的身上涂了一层聚二甲基硅氧烷，你们记不住也没关系，反正是一种化学物质，人吃了，当然是没好处的。

众人伸了伸舌头……

市场经济是以商品交换为核心的经济形态。人们既是生产者又是消费者，任何人都无法生产出自家所需要的所有产品，都要通过交易行为取得生产和生活必需品。在农产品中，食品是人们不可缺少的生活必需品，关系到亿万人的健康和幸福，来不得半点马虎。因此，对农民朋友来说，遵守职业道德很重要。此外，不同行业中的每一个生产者都应当恪守诚信、依法经营、文明服务，否则将会害人害己。比方说，你卖给别人"假化肥"，就可

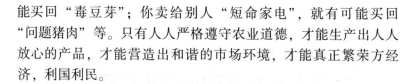

能买回"毒豆芽"；你卖给别人"短命家电"，就有可能买回"问题猪肉"等。只有人人严格遵守农业道德，才能生产出人人放心的产品，才能营造出和谐的市场环境，才能真正繁荣方经济，利国利民。

一、食品质量安全与农民职业道德

当前大多数人对于农产品质量安全问题的研究大都集中制度、法律、技术等领域，但是从职业道德这个角度去对农产品质量安全问题的研究则相对较少。对于职业道德而言，其在整个社会道德体系中占有重要的地位，不仅是社会道德原则和道德要求在职业领域的具体化，还在职业活动有序进行的过程中发挥着重要作用。而农民职业道德则是：农民履行社会分工所给予社会职能的活动中，及在履行本职工作的活动中，所应该遵循的行为规范和准则。这也正如恩格斯所说："在实际当中，每一个阶级，甚至每一个行业，都各有各的道德。"一旦农民职业道德出现失调，那么将产生一系列不利的连锁效应。

1. 农产品生产中化学化工品滥用使消费者的身体健康受损

纵观近年来发生的农产品质量安全问题，可以发现，我国的瓜果蔬菜中农药残留、牲畜养殖抗生素滥用、粮食类种植过程中过量使用化肥等现象已是十分突出。仅在 2010 年全国各地都检测发现了豇豆、韭菜、白菜等农产品农药残留严重超标的现象，这无疑是对于购买了这些农产品的消费者的"谋杀"。而导致这些农产品质量安全问题的产生，正是由于农民的道德败坏引起的，即农产品生产者不受农民职业道德规范造成的严重农产品质量安全问题。并且随着化学化工品的滥用现象的普遍，也造成了诸多骇人听闻的事件，如 2003 年的"苏丹红"鸭蛋事件、2010 年的毒韭菜事件、2011 年的"健美猪"事件、2013 年的毒生姜事件等。这些农产品质量安全事件的发生，看似是由于在农民在农产品生产活动中滥用化学化工品引起的，其实不然，真正"幕后推手"正是农民职业道德的严重失调。但是由农民职业道德失调引起的农民在农产品生产活动中化学化工品的滥用，势必会对消费者的最基本的人身权益造成严重伤害。

2. 违背规律、急功近利进行生产导致农产品质量的低劣

关于规律的认识，恩格斯曾经说过："自然界中的普遍性的形式就是规律。"列宁也曾在其著作《哲学笔记》中说过："规律是现象中同一的东西。""按照规律办事，尊重自然规律"也是农民职业道德对于在农产品生产活动中的农民的客观要求，然而，伴随着农民职业道德失调的发生，违背规律、急功近利地进行农产品的生产就成为了影响农产品质量安全的一个重要因素，并且这种现象也呈现出了越发严重的趋势。原本对于施用了农药的瓜果蔬菜，应该要使其放置到一定的时间段才能够上市销售，但是在面对激烈的市场经济竞争的时代里，在失去农民职业道德调节的背景下，农民会毫不犹豫地选择眼前既得的利益，不会等着打过农药的瓜果蔬菜过休药期便采摘上市销售。而这样不按照规律办事，急功近利的做法只能给农产品的质量安全埋下深深的隐患。当前，我国已经是世界上最大的化肥生产国，"尽管耕地面积还不到全世界总量的10%"，但是，我国的"化肥使用量却接近世界的1/3"。并且"我国80%的农户习惯凭传统经验施肥，不考虑各种肥料特性，盲目采用'以水冲肥''一炮轰'等简单的施肥方法"。由于在小面积内过量使用单一化肥，致使在养分不能够很好地为农作物吸收的同时，还造成了"部分地块的有害重金属含量和有害病菌量超标，导致土壤性状恶化，作物体内部分物质转化合成受阻"，使生产出来的农产品的质量安全得不到任何的保证。因此，一旦农民职业道德失调后，农民就不在按照职业道德的规范进行农产品的生产活动，而是出现违背规律、急于求成地进行生产，这样生产出来的农产品的质量显然是非常低劣的，而消费者食用后必然会对身体健康造成损害。

3. 使农产品质量安全问题越发严重化、普遍化

我国当前的"农产品质量安全问题已成为危及民生、阻碍农业发展、影响农民增收的重大问题。"通过对农产品中农药残留的调查研究可以发现，"不少地方使用国家明令规定的禁用高毒剧农药问题突出，即使在国内农产品农药残留量最低的地区，超标率也有 5%，严重的则达 85%。"而在对"对浙江省的 142 份各类蔬菜进行抽检，农药残留超标率达 22.5%"之多。这与"农民打过农药的蔬菜未过休药期即采摘上市销售"的行为有很大关联。其实，不单是农产品中的高农药残留现象严重，其他农产品的质量安全问题也依旧突出，如在农产品生长期大量使用激素、在猪饲料中违规添加"瘦肉精"等。如果农民职业道德不能够很好地对农民在农产品生产中的行为进行约束，不能够发挥其重要的效能，那么，农民就有可能为了既得利益，在思想上更加完全摆脱农民职业道德的束缚，在行为上更加地"大胆"，这只能是让农产品质量安全问题更为严重化，久而久之，农产品质量安全问题的严重性就会显得越发普遍，甚至很可能会达到频发且难以解决的地步。

二、当前农民职业道德失调的原因

1. 农民失信违约成风

孔子曾说过："自古皆有死，民无信不立。"诚信，对于推动整个社会的发展起着无可替代的作用，是维系人与人关系，促进人与人共同发展的重要基础，也是社会主义职业道德的基本要求。尤其是对于农产品生产主体——农民来说，提供质量安全的有保证的农产品是农民对整个社会最为基本的信用，也是职业道德的重要要求。但是由农民职业道德失调引发的农民失信违约的现象却相当普遍，据调查表明，农户在"农产品销售契约违约率高达 80%。"而这些违约现象的发生，一个最为重要的原因就是，

农户生产的农产品质量根本达不到合同的标准要求。在市场经济高度发达的今天，很多农民会因为眼前利益而敢于去失信，如果"守信就意味着失利，失信就意味着获利"的话，那么就会造成"劣币驱逐良币"的现象，严重地损害了社会的信誉。并且失信违约普遍会在一定程度上扰乱了社会的合理秩序，加剧了全社会对农产品质量安全的担忧，最终还会引起对于行业整体的质疑，使其深陷严重的信任危机之中。

2. 农民普遍轻视科学文化学习

在 2012 年出台的中央"一号文件"中就明确强调了，要"加强教育科技培训，加快培养农业科技人才和大力培训农村实用人才，并提出'大力培育新型职业农民'"，而 2013 年中央"一号文件"又再次指明了方向。况且认真地学习科学文化知识也是农民职业道德对于农民的规范的重要要求。然而，在商务部的一份调查报告中显示，"绝大部分农民不知国家明令禁止使用的农药和兽药目录"，有"近 50% 的农民在使用农药和兽药时"，没有认真学习，了解相关药用的详细方法，完全就是凭着感觉使用，甚至"一药多用现象相当普遍"。大量的研究发现，产生农产品质量安全问题的一个重要原因就是农民对于科学文化知识的无知，即轻视科学文化的学习，对新的科学技术的错误性使用造成的农产品质量安全问题。

3. 农民利己思想盛行

"奉献社会，服务群众"一贯都是职业道德最基本的要求，但是在农民职业道德失调后，农民在农产品生产活动过程中表现出的"昧着良心"为己谋利的现象却越发地盛行，通过对农户使用农药情况的调查分析可发现，大多数的农户在选择农药的时候往往会使用高毒农药，这是因为"与普通农药相比，高毒农药价格更便宜且药效显著"。而在一项对我国 2002 至 2011 年间的 1 001 个食品安全事件的实证调查研究报告中表明："68.2% 的食品安全事件是由供应链上利益相关方在知情的状况下，出于私利或盈利目的造成的。"然而，农户们自己食用的根本不是这些打了农药的出售的瓜果蔬菜，他们只吃种在自家另一片地里的没有施用农药的瓜果蔬菜。所以，农民职业道德失调引发的诸如实利主义、利己主义等专门利己不利他人的思想已经在农民的脑海中盛行，并且这种利己不利人的行为"都是不同程度地以损害人民的社会利益来满足个人利益和目的的"。

4. 农民违法生产严重

农民职业道德对于农民规范的一个较为重要的内容就是：遵纪守法，但是当农民职业道德失调以后，农民可能会因为既得利益的驱动，不再顾及职业道德的要求规范，恶意采取如违规使用添加物质、标识欺诈、制假售假等手段造成如违禁农药残留等食品安全问题。在对陕西渭南农药市场的一项调查报告中显示，当地的农户经常大批量购买和使用国家明令禁止使用的高毒农药。而发生在 2013 年 5 月山东潍坊的"毒姜"事件，又一次引发了全民对于蔬菜安全安全问题的担忧，且这次姜农使用的正是国家明令禁止的剧毒农药——"神农丹"，只需 50 毫克足以令人死亡。农民不顾法律的明令禁止，违法进行农产品生产活动，带来不仅是严重的农产品质量安全问题，还是对消费者的人身权益无情的践踏。

从 20 世纪 80 年代以来，化肥和农药在中国普遍应用，彻底颠覆了农民的耕种方式，日出而作、日落而息似乎不再是一种必然，除草剂在解放人的双手上起到了非常大的作用，虽然它同时会作用于儿童的神经系统，引起智力障碍，但它带来的好处却让农民们无法抗拒。它意味着每天至少可以省下 1/3 的时间干与农业无关的事情，因为消除杂草是田间最辛苦的劳动。

当我们将这些"神奇发明"用在农产品上，并使产量提升到前所未有的高度时，我们却完全忘记当初为什么要高产了。农民的收入一点都不比以前更高，人们的健康却受到极大的威胁，还产生了土地退化、水资源枯竭、生态链断裂、重度污染等许许多多环境问题。这就像是蕾切尔·卡逊在《寂静的春天》一书中描绘的场景：农药泛滥，昆虫肢解，土壤板结，花草带毒，水质败坏，殃及鱼虾，鸟禽瘫痪，走兽灭绝，世界上只剩下自私的人类，一片寂静与所谓的自由到来了。

在中国，也有"自然无为"农业的忠实实践者。15 年前，一位名叫安金磊的年轻人从河北衡水农校毕业，分配到一家国营农场当技术员。第一次接触农药时，他深感其气味难闻。一次，他听说有个孩子吃了西瓜后，即呋喃丹中毒，高烧不退，把中考都耽误了。从此，他就立志要做拒绝使用农药和除草剂的第一人。1997 年，农场改制解体，安金磊回到家乡，以每亩 50 元的价格承包了村子边缘的 40 亩偏远薄地。华北地区农业向来以种植棉粮为主体，而安金磊却另辟蹊径，他把承包的 40 亩地分成多块，种上了不同的庄稼同时，他的种植方法也异于常人：既不除草，也不用化肥、农药，而是以日常积攒的粪肥和杂草秸秆浸泡的堆肥（即传统的农家有机肥）为肥料。一开始村里人都笑他是傻子，没想到几年下来，别人家的棉花地因长期施用化肥导致土壤板结成了荒地，而安金磊的土地却越来越肥，产量一路攀升，很快就超过了周围的田地。

越来越多的实践者、越来越多的案例开始涌现。2011 年 3 月 8 日，联合国官员开始呼吁世界各国发展生态农业，应对粮食危机。联合国粮食问题特别报告员德·舒特尔强调，不能单纯依赖施加化肥提高作物产量，不尊重可持续发展的种植方式加剧了气候变化和土壤退化，大量消耗珍贵的淡水资源，威胁全球农业生产。目前，全球 57 个发展中国家的生态农业项目取得明显成果，作物的平均产量提高了 80%。

生态农业不是单纯的"有机种植"，它更注重与自然的协调适应和真正的可持续性。也许有一天，我们可以不再为吃不到安全食物而忧心忡忡，不必为发臭的土地和河水而烦恼，无需为怎

样选择农药而绞尽脑汁，因为自然之物，自有自然的解决之道。

三、恪守职业道德，做合格新型职业农民

（一）提高自身的科学文化素质

温家宝曾经指出，"在现阶段，农民中不可避免地存在着一些旧的思想和习惯，农村中还有一些愚昧落后的现象，农民在思想道德和科学文化素质方面还存在着与社会主义现代化建设不相适应的问题。"而在调查中也发现，"我国农民初中、小学文化程度占70%以上，高中文化不到18%。"农民的文化素质普遍不是很高，这在一定程度上妨碍了自身对于职业道德理想信念的认识与接受，也使得他们容易受到外界利益因素的诱惑而完全不顾职业道德的约束。而在对农民进行科学文化教育的时候，不仅要"以市场为导向，面向市场开展教与学，"还要把市场中的先进理念、先进技术引进来，"尽可能发挥市场这只'看不见的手'的作用。"只有提高农民的科学文化素质，才能为农民职业道德教育打下坚实基础，也才能为农产品质量安全问题解决提供重要保证。

（二）加强农民的职业道德教育

农民的职业道德教育是提高农民职业道德水平的重要途径，也是保证农民职业道德的调节正常发挥其功效的重要手段。当然，加强农民的职业道德教育，就是加深农民对职业道德的认识，并提高农民的职业道德意识，使其深深扎根在农民的心中，为防止农民职业道德的失调提供保障。与此同时，"我们应该长期地耐心地教育他们，帮助他们摆脱背上的包袱，同自己的缺点错误作斗争，使他们能够大踏步地前进。"这就能够在农民心中树立"一杆秤"，使得农民在面对既得利益与大是大非的时候能够做出正确的选择，并在一定程度上促进了农产品质量安全问题的解决。

(三) 树立道德榜样

古人有云："以铜为鉴，可以正衣冠；以人为鉴，可以明得失；以史为鉴，可以知兴替"。因此，道德榜样的树立就相当于在农民的跟前摆放了"一面镜子"，不仅"照出"了农民自身的不足，农民还可以对着"镜子"梳理自己。而道德榜样无穷的力量无疑是防止农民职业道德的失调的重要策略，也为农产品的安全生产起到了"保驾护航"的功效。然而，道德榜样的选择应该既是生产中的能手，又是职业道德素养较高的农民。因为，在市场经济高度发达的今天，农民对于经济利益的获得会更加地看重。如果忽略在农产品生产活动中的才能选择的仅是职业道德方面突出的人才，那么这样选出来的道德榜样就不可能起到标杆的重要作用，恰恰相反的是，农民还可能会对这样的道德榜样加以藐视。

(四) 建立有效的奖惩制度

邓小平曾经说过，"要通过加强责任感，通过赏罚分明，在各条战线形成你追我赶，争当先进，奋发向上的风气。"而以农民职业道德规范为主要执行的依据建立起来的奖惩制度一定程度上保证了农民职业道德的功能的正常运行，也有效地防止农民职业道德失调的发生。并把农民职业道德这只对农民进行约束和规范的"看不见的手"转化成了以白纸黑字的形式出现对农民进行约束和规范的"看得见的手"。既有了制度这只强有力的手对农民在农产品生产活动中的行为进行规范，又有了农民职业道德这只隐性力量的调控，双管齐下，共同作用，必定会把农民的职业道德水平提高到一个新的境界，且进一步的保障了农产品质量安全。

农民职业道德失调带来的一系列，尤其是对于农产品质量安全的影响已经值得我们深思，只有提高新型职业农民的职业道德，才能为解决农产品质量安全问题，乃至为食品安全问题的解决提供强有力的支撑。

四、增强社会意识，倡导道德农业

道德农业，就是农业的道德化，就是指用道德原则来指导和把握农业生产过程中的一切活动。具体来说就是，一方面，农业生产中人与自然的关系应道德化，应体现自然的道德要求；另一方面，人与人的关系也应道德化，应以道德作为农业生产中调节人与人关系的主要手段。

【案例】

2008 年中国奶制品污染事件（或称 2008 年中国奶粉污染事件、2008 年中国毒奶制品事件、2008 年中国毒奶粉事件）是中国的一起食品安全事件。事件起因是很多食用三鹿集团生产的奶粉的婴儿被发现患有肾结石，随后在其奶粉中被发现化工原料三聚氰胺。根据公布数字，截至 2008 年 9 月 21 日，因使用婴幼儿奶粉而接受门诊治疗咨询且已康复的婴幼儿累计 39 965 人，正在住院的有 12 892 人，此前已治愈出院 1 579 人，死亡 4 人，另截至 9 月 25 日，香港有 5 个人、澳门有 1 人确诊患病。事件引起各国的高度关注和对乳制品安全的担忧。

【案例】

2013 年 5 月 4 日央视《焦点访谈》报道，记者在山东潍坊地区采访时发现，当地有些姜农使用神农丹种姜，主要成分是一种叫涕灭威的剧毒农药，50 毫克就可致一个 50 千克重的人死亡。涕灭威还有一个特点，就是能够被植物全身吸收。当地农民根本不吃使用过这种剧毒农药的姜。

5 月 6 日，扬子晚报记者从江苏南京众彩农副产品物流中心了解到，一车来自潍坊的生姜被查出农残"氨基甲酸酯"超标，已被封存。

以上案例表明，道德农业的提出符合农业发展的新趋势，体现了农业发展的新境界。积极发挥人的主观能动性，促使农业向道德农业发展，符合人类社会的根本利益。

（一）从农业内部主客体矛盾运动的过程看，道德农业体现了农业发展的一种新境界

从主客体二者关系的角度看，农业发展的第一阶段是依附阶段，即主体处于被动依附地位，人对自然的把握能力十分有限，人只能被动地适应自然，做自然的"附庸"，所以，这个阶段的农业，体现的是一种"依附"境界。农业发展的第二阶段是征服阶段，即主体依据工业文明提供的强大支撑力，对自然实施了大规模的改造和利用，其目的就是要最大限度的为我所用；在这个阶段，农业中的主客体关系实质是主体欲高高凌驾于客体之上，所以，这个阶段农业所体现出的境界可以看成是一种征服境界。但是，严酷的现实在促使人们进行不断的反省，农业中的主客体关系应进入到一种新境界：主客体关系必须和谐统一。而这种和谐境界对人类的根本要求是自觉，但自觉的核心和实质是道德自觉，所以，发展道德农业，也就成为农业走入新境界的一种自然选择。

（二）农业的道德化体现了道德境界自身的升华

农业的主要生产对象是除人之外的一切生命体，所以，农业的道德化也就意味着道德范畴向一切生命体的扩展，这也就意味着我们应尊重一切生命，应体现一切生命体的道德要求，应道德地对待一切生命体。但长期以来，人类总是把道德法则界定在人与人之间的关系范围内，界定在弱肉强食和利己主义的基础之上。这样导致的结果是，人类不仅对其他生命体肆意作践，从来不掩饰自己的残忍，同时又往往在同类之间挑起战乱，甚至以任何凶残的动物所无法比拟的本领大规模地毁灭自己的同类，这实质上是意味着真正道德精神的丧失。所以，把道德关系只界定为人与人之间的关系，不能体现道德功能的充分性和完整性。不懂得尊重一切生命，人类社会就会陷入盲目的利己主义之中，就会让生命生活在黑暗之中。但是，尊重生命的道德会改变这一切，这样，一方面使道德之光点燃了神圣的生命之火，从而使生命自身的价值得到了更合理更充分的体现；另一方面，也使道德自身的功能更具有了充分性和完整性。通过道德范畴的扩展，使不同生命体休戚与共，和谐发展，最终为人类自身的长远发展提供了根本保证条件。所以，道德境界的这种升华，将导致"一次新的、比我们走出中世纪更加伟大的文艺复兴必然会到来：人们将由此摆脱贫乏的得过且过的现实意识，即达到敬畏生命的信念。只有通过这种真正的伦理文化，我们的生活才富有意义，我们才能防止在毫无意义的、残酷的战争中趋于毁灭。只有它才能为世界和平开辟道路"。

（三）农业生产经营的家庭性是产生道德农业的组织基础

由于农业生产对象、生产过程和生产成果的特殊性，在农业中选择家庭经营是一种较为理想的形式，也是一种较为普遍的形式。但是，家庭又不同于其他经济组织，它是建立在血缘和姻缘关系基础上的具有多重功能的共同生活的社会群体，维系家庭存在的也不仅仅是经济利益，这里道德等因素起着更为重要的作用，所以，从某种意义上讲，家庭本质上是一个道德共同体。正是由于道德的作用，才使家庭内部无需单纯依靠经济上的计较，就能使成员保持强烈的协作意愿和为家庭经济目标各尽自己的所能。这个特点适应了农业生产过程中劳动考核和报酬的计量难以精确，以及农业劳动过程随机性强的要求，从而克服了一般农业经济组织在经营管理过程中存在的一些棘手问题。另外，由于血缘关系和姻缘关系的稳定性，也使家庭在一切社会组织中具有了较为持久的稳定性，而这种稳定性又较好满足了农业生产周期长，要求经营组织比较稳定的特点。再者，家庭成员之间在长期共同生活中逐渐建立起来的深厚感情基础，也使家庭具有了较强的凝聚力，从而也易于克服农业生产风险所带来的种种危机。所以，撇开道德在其他方面的作用不说，就是在家庭的经济生活中，道德也起着非常重要的作用。而家庭经营又在农业经营中具有普遍性，所以，道德农业的发展也就有了普遍的组织基础。

（四）发展道德农业在中国更具深远意义

第一，在我国，农业虽有很大发展，但农业的生态环境却日益恶化，所以，改变传统农业生产方式中对生态的"不道德"状况，发展道德农业，已迫在眉睫。我们知道，农业生态系统要靠自然生态系统提供稳定的气候条件、优质的土地、充足的水分、丰富的养分以及抑制病虫害、防止旱涝灾害、维持农业正常运行和提供更新换代的种质资源。但问题是，在我国，传统的垦耕式农业，虽源于自然生态系统，依靠自然生态系统，也高于自然生态系统，但它的生产方式却是不利于生态的，即消除森林以开辟耕地，从根本上破坏了农业生产所依赖的自然保障；收获作物将营养物质移出生产系统之外又切断了农业生态系统良性循环的物流链环；施用农药又杀死了害虫的天敌，加剧了农业的病虫危害；大范围的植被破坏又引发水土流失，土壤荒漠化和盐碱化，使气候恶化，也削弱了农业的生产力，动摇了农业的基础。所以，树立新的农业发展理念，建立农业的生态道德观念，是中国农业发展的现实选择。

第二，中国传统的道德文化资源十分丰厚，这使中国发展道德农业具有了先天优势。从历史上看，在中国古代，儒家学派的孟子就曾以感人的语言谈及对动物的同情问题；列子认为动物的心理与人的心理并无多大差别；杨朱也认为，把动物的生存仅仅看成是为了满足人的需要的观点是一种十足的偏见，因为动物也具有生存的意义和价值；中国宋代的《太上感应篇》这本包含212条伦理格言的文集，其中就有许多同情动物的格言。从中国文化的内涵看，天人合一的观念也为道德农业的发展提供了哲学底蕴。在中国传统文化中，天人合一不仅仅是一个存在论的命题，更重要的是一个价值论的命题。从价值论的视角来看，这一命题把追求和谐作为一种至高的价值目标；而且，这种价值追求，在中国文化发展的过程中获得了很好的遗传，为许多思想家所发挥。如冯友兰先生就认为，"天地境界"乃人生之最高境界，处在这种境界的人可以说是获得了对人生价值和意义的最深刻的领悟，他既不无所作为，又不沉湎事功；既不从众合流，又不与人隔膜。他总是能将自己的生命看成是与宇宙万物同体，超越名利诱惑，真正进入一种知天、事天、乐天以至于同天的境地。处在天地境界的人从来不会感到生命的存在是孤独无助的，因为在他看来，生命并不是一种纯粹个体的存在方式，而且与天地宇宙一体运动的过程。所以，在这种情况下，个体的生命与宇宙大化流行的规律实现了有机统一，这时，"天与人不是相对恃之二物，而乃一息相通之整体，其间实无判革"。而上述天人合一所追求的和谐境界正是道德农业追求的本质目标所在。

第三，中国农村家庭的道德氛围要浓于西方家庭，这也为中国发展道德农业提供了更加有利的条件。

第四，在中国农村，由于自然环境差异较大，各地生产力水平不一，并且中国人口又主要集中在农村，这也客观上增加了中国农村的管理成本。而道德农业的构建，通过人们内心的自觉，而非强迫来实现管理目标，将会有效降低农业的经营管理成本，这也是减轻农民负担的一条有效途径。

回望人类历史，道德的光辉伴随社会前进的每一个脚步。和谐社会的构建，需要社会每个分子的参与，公民道德进步能够促进社会进步。作为新型职业农民，我们对自身道德素质的追求应该是永无止境的，只有这样，我们的产业才能不断发展，强农富国的目标才能早日实现。

第三节　崇尚家庭美德

家庭美德是每个公民在家庭生活中应该遵循的行为准则，是调节家庭内部成员和家庭生活密切相关的人际交往关系的行为规范。涵盖了夫妻、长幼、邻里之间的关系。而和谐的家庭美德是靠每个家庭成员良好的个人品德修养构建的。家庭生活与社会生活有着密切的联系，正确对待和处理家庭问题，共同培养和发展夫妻爱情、长幼亲情、邻里友情，不仅关系到每个家庭的美满幸福，也有利于社会的安定和谐。作为新型职业农民要大力倡导以尊老爱幼、男女平等、夫妻和睦、勤俭持家、邻里团结为主要内容的家庭美德，鼓励人们在家庭里做一个好成员。

目前，在广大农民中，消极落后的传统观念和封建习俗还大量存在，比如，重男轻女、男尊女卑；只尊老不爱幼，随便打骂孩子；不讲文明、不讲卫生，言行粗俗，乱倒垃圾；大吃大喝、大操大办、铺张浪费严重；搞家庭暴力，打骂妇女，男女不能平等；家庭缺乏民主，重要事情丈夫说了算；不依法办事，以村规民约了断纠纷；以人口多拳头大与邻里闹不团结；以姓氏画线，搞宗派械斗等，所有这些观念和行为都是与家庭美德要求相抵触的，在有些地方消极落后的观念还影响很严重，有些方面是根深蒂固的。

家庭是社会的细胞，其内在和谐直接关系着整个社会的和谐。随着改革开放和社会主义新农村建设的蓬勃开展，农村面貌发生了巨大的变化，广大农民得到了政策带来的实惠，也进一步促进了家庭伦理道德的建设。但也应该看到，少数农村公民价值取向混乱、道德水准滑坡，家庭矛盾所引发的冲突也日益增多。因此，加强农村家庭美德建设，具有重要的现实意义。

一、家庭美德的具体内容

2001 年 11 月 20 日中共中央颁布了《公民道德建设实施纲要》，指出新时期的家庭美德："尊老爱幼，男女平等，夫妻和睦，勤俭持家，邻里团结。"这既是社会主义市场经济条件下重构家庭美德的重要内容，又是家庭美德建设的具体目标。

一是尊老爱幼。尊老爱幼是中华民族的传统美德，也是一种普遍的社会要求。老年人为社会、为抚养子女辛苦了一辈子，做晚辈、做子女的理应敬重和赡养他们，这是社会主义婚姻家庭道德的要求。对于丧失劳动能力的老人，做子女的有责任和义务为他们提供物质上的保障、精神上的安慰、生活上的照顾，使老人安度晚年。任何拒绝赡养老人、遗弃和虐待老人，以及不尊重老人的人，不仅为道德所不容，也是为法律所禁止的，理应受到社会的唾弃。儿童是祖国的未来，抚养和教育子女，是每一个做父母的都必须承担的法律义务和道德责任。家庭是教育子女的摇篮，父母是儿童最初的教师，家庭的教育氛围，父母的品质、性格、言行举止，都对子女起着潜移默化的作用。培养子女高尚的道德品质和情操，把子女造就成德、智、体、美、劳全面发展的社会主义新人，是父母的职责，也是婚姻家庭道德的要求。在抚养和教育子女当中，父母要处理好"爱"与"教"的关系，任何对子女爱而不教，教而不严的做法都是社会主义道德所不允许的。

二是男女平等。男女平等，这是社会主义社会男女社会地位在婚姻家庭关系中的必然要求，也是社会主义婚姻家庭道德的核心。夫妻作为家庭的基本成员，在家庭中处于平等的地位，这是处理好夫妻关系，保证夫妻间爱情健康发展、稳固、持久的前提。男女平等道德要求包括两方面内容：一方面夫妻双方都要相互尊重彼此应有的权利，如相互尊重使用自己姓名的权利，尊重对方有独立身份和独立人格的权利，尊重对方对婚姻有继续或终止的权利等；另一方面夫妻双方都要平等地履行相应的义务，包括相互忠实的义务、相互抚养的义务、赡养彼此父母及其他老人的义务、抚养子女的义务等。

三是夫妻和睦。夫妻和睦是婚姻家庭关系中最根本的道德要求，也是家庭美德建设的关键所在。婚姻家庭美德要求夫妻双方互敬、互爱、互助、互信。互敬：要求敬重彼此的人格；互爱：

要求承认接纳各自的生活习性；互助：要求在事业、志趣上相互支持；互信：要求宽容大度、真诚坦率。依靠夫妻两人的恩爱、忠贞，相濡以沫，共度人生。婚约的缔结不是爱情的结束，婚后使爱情在新的阶段得到保持和发展是夫妻双方共负的职责，特别在培育子女、赡养老人、家居建设等方面，要依靠夫妻双方共同努力，保证爱的延续。

四是勤俭持家。勤俭持家是中华民族数千年来形成的传统习惯，是中国家庭的传统美德，在社会主义初级阶段，勤俭持家仍然是应该大力提倡的家庭道德。强调勤俭持家不仅在于它是人们居家生活的准则，更在于在勤劳节俭中锻炼人们的道德，促进自身的完善。需要注意的是，提倡勤俭持家，并不是要求一味地节衣缩食，而是要求树立正确的消费观念，合理消费。

五是邻里团结。邻里之间和睦相处、互帮互助是中华民族的传统美德，也是社会主义道德关系在家庭生活中的必然要求。这是因为，邻里关系反映了以居住的地缘关系为基础的邻居家庭之间的社会关系。由于邻里关系以居住地相邻为基础，地理位置的接近客观上使邻里之间的交往较为频繁，易于互帮互助。俗语"远亲不如近邻"，表明了邻里团结给相邻家庭带来的种种便利，创造邻里之间互相尊重、互相关心、团结互助的良好风气和居住环境，是现代社区建设的要求，有利于社会主义精神文明建设。

二、如何提高家庭道德

一是营造良好的家庭氛围。健康的、和谐的家庭氛围是家庭成员成长发展的港湾和栖息地，是亲情融融得以体现的主要场所。家庭氛围好不好，直接影响着家庭成员的情绪、心境甚至成员之间的关系。因此，家庭美德建设的首要任务就是要善于营造良好的家庭氛围，良好的家庭氛围对孩子的健康成长远远超过家庭物质环境的影响。所以，对长辈而言，要有平等的民主意识和开放的心态，不搞家长制和一言堂，更不可粗暴地体罚和打骂孩子，要有现代教育理念，尊重孩子的人格和自尊心；要善于调控自己的心态，理智地处理各种问题，不能一遇不顺心事就大动肝火，要学会"制怒"；家庭成员之间要做到真正互相关心、和睦相处、互尊互让、遇事多商量，使家庭处于一种积极向上的健康的状态。

二是注意良好家风的培养。家风是家庭在组建和发展中长期形成的习惯和行为方式，是家庭成员文化修养、人格品质、相互关系的具体体现。良好的家风，对于提高家庭教育质量，促进子女的健康成长，建立和睦、民主、幸福的现代家庭有很大的影响。实践证明，家风好的家庭子女往往身心健康、心态平和、处理问题和适应社会的能力强，并且容易成才；而家风差的家庭成员心态不稳、对人冷漠、子女犯罪率高、成才率低，所以培养良好的家风是农村家庭美德建设的重要一环。

三是学会与邻里和睦相处。农村家庭美德建设是一项庞大的工程，涉及千家万户，所以要处理好家庭内部成员之间的关系以及家庭之间的关系，实践证明，农村的很多矛盾都是邻里之间的冲突，所以家庭美德建设，必须把学会与邻里和睦相处作为一项重要内容。

四是参与文明家庭和五好家庭的评选。这几年农村道德建设取得了很多宝贵的经验，其中重要一条就是很多地方的农村进行了文明家庭和五好家庭的评选活动，取得了很好的效果，推进了农村新文化、新风尚的建设，受到了农民的普遍欢迎，应该继续发扬光大，并且在不同地域、乡村之间加强交流，形成一项广泛的农村文化建设活动。

【案例】

替哥哥还债的最美中国人

安徽省霍邱县周集镇，张仁春曾是一个小有名气的人物，因为他办过厂、搞过苗圃，算得上当地致富的带头人。2006 年，他租了 85 亩地做苗圃，种上香樟、广玉兰等苗木。2008 年 5 月，在苗圃投入了大量资金后，他却一病不起，在病床上躺了 7 个多月，2009 年元月 2 日去世。而此时他为做生意借了 155 万元巨款，其中包括弟弟张仁强的 20 万元、大妹张仁秀的 15 万元、周集镇信用社的 40 万元，剩下的 80 万元全都是从朋友那里借来的。

张仁春病重期间，苗圃由于疏于打理，野草丛生。他死后没多久，一场莫名的大火，将 85 亩苗木烧得干干净净。由于张仁春已没有财产可以继承，从法律层面看，包括他子女都已没有再还债的义务。但张家集体商量后决定，借给自家哥哥的钱可以不要了，但剩下的 120 万元外债一定要还。张家老父亲张腾甲说，做人一定不能"孬"："大儿子死了，我还有其他子女替他还！"张仁春的弟弟妹妹也下定决心，要让大哥"身后不留骂名"。

张仁春育有一儿一女，儿子在北京打工，每个月的收入只能将就糊口；女儿在老家当幼师，每月 1 000 多块钱的工资，也拿不出钱来还债。张仁春兄弟姐妹四个，他是老大。老二张仁强和老三（大妹）张仁秀家境还不错，也因此成了大哥的"债主"。老四张仁兰靠养猪维持生计，日子过得很辛苦。算来算去，全家有点能力为张仁春还钱的没几个。张仁强和张仁秀站了出来，他们决定替兄还债。

2009 年春天，53 岁的张仁强离开家乡，来到省会合肥寻找赚钱门路。没有一技之长，张仁强就买了一辆三轮车，沿着大街小巷收废品。后来，又专门回收废旧钢材，同时养猪。近似于一个奇迹，凭借没日没夜的苦干，张仁强 3 年在城里挣了 70 万元。妹妹张仁秀早在 20 世纪 90 年代就跟丈夫开养猪场。相比张仁强，张仁秀的境况要好一些。但扛了债务之后，再多的积累也被消耗殆尽。张仁秀在丈夫的支持下养猪 3 年也还了 40 万元。大哥的外债现在只剩下 10 万元了。

3 年里，看到丈夫挣的钱替兄还债，张仁强的妻子负气出走，和他离了婚，张仁秀的儿子 27 岁还没房结婚。而最让他们伤心的是，老父亲张腾甲78岁了还在帮忙照看养猪场，2011年患上淋巴癌很快就去世了。

张家的仁义之举赢得了乡邻的认可，有人主动来给离婚的张仁强做媒。2011年他组建了新的家庭。张仁强现在的妻子刘孝侠说："虽然他现在还很穷，但我看中他这颗心。如果将来他身体累垮了，我一定把他照顾到底。"

2011年12月27日，新安晚报以《两人为亡兄扛下百万债》为题对张仁强和张仁秀的事迹进行了报道，引起了全国各大媒体关注。2012年1月8日，中央电视台新闻联播节目以《最美的中国人——哥哥的债我们还，不能欠钱落骂名》为题报道了"信义兄妹"的事迹。

媒体的广泛关注让更多人了解了"信义兄妹"。一段时间以来，有不少读者表示要给予兄妹二人帮助。其中，一位北京的张女士表示，她想替张仁强兄妹把剩下的10万债务还了。"他们兄妹俩太了不起了，我们社会需要这样守信用、敢担当的精神。"这位女士告诉记者，她在看到张仁强兄妹的报道后，立刻就有了帮他们还清债务的想法，"他们还欠周集镇信用社10万元，我想帮他们还了，还了他们就没压力了"。张女士表示，她还考虑以"仁强""仁秀"的名字命名，创立一个公益基金，以便帮助更多需要帮助的人。

记者把这个消息告诉了张仁强和张仁秀，没想到，兄妹俩不约而同地回绝了这笔资助。"替我们还债？这个不合适，这让人家怎么说我们嘛，会被说闲话的"。记者将张女士的好意转达给张仁强后，他很直接地回绝了，"如果我接受了这10万元，人家岂不是以为我们在利用媒体赚取同情？"跟哥哥张仁强一样，张仁秀也婉拒了张女士的好意，"110万元都还了，再努把力也就差不多了，不在乎剩下的10万元了。不能让人笑话我们，我们自己欠的债我们自己还。"兄妹二人乐观地期待着，到2012年年底将还清所有债务。

第四节　提升道德素质和政治素质

农民是建设新农村的主体，培养有文化、懂技术、会经营、善管理、能创新、带动能力强、极具社会责任感的新型职业农民是新农村建设的迫切需要和重要内容。当前农民在道德素质方面仍存在较多问题，极大地影响了新型职业农民的培养进程。提高农民道德素质是培养新型职业农民的关键，是促进社会主义新农村经济快速发展的思想保证和动力源泉；更是保证现代农业可持续发展的核心力量。

一、新型职业农民的政治素质

新型职业农民的政治主要指新型职业农民对国家政策方针的关心和了解程度、参政议政的能力。

所谓政治素质，一般是指对我国的民族、阶级、政党、国家、政权、社会制度和国际关系具有的正确的认识、立场、态度、情感以及与此相适应的行为习惯。包括政治主体关于政治的观念、知识、能力和技巧4个方面。政治观念是对参与政治的目的、责任以及参与者的基本权利的看法；政治知识是对现行的政治制度和参与政治的程度等的了解程度；政治能力是指政治参与者做出政治选择和判断，以及表达自己政治意见的能力；政治技巧是处理特殊政治问题的策略、方法和灵活性。

新农村建设离不开政治建设，农民的政治素质为新农村建设的顺利进行起着重要的保障作用。那新型职业农民应具备哪些政治素质呢？

（一）较强的政治意识

政治意识作为政治领域的精神现象，是政治生活和政治活动的心理反应，是人们在特定的社会条件下形成的政治态度、政治情怀、政治认识、政治习惯和政治价值的复合存在形式，它构成政治系统的基础和环境，是政治的隐性结构。政治意识作为隐藏在人们的政治行为背后的无形的精神力量，无时无刻不在影响着人们的政治判断和政治决策。新型职业农民应具有较强的政治参与意识，即以主人翁的姿态，通过各种合法方式参与国家的政治生活和农村的各项社会事务，并能在各项活动中较准确地分辨是非，不盲目听从他人的鼓动，有自己的政治见解。新型职业农民还要有鲜明的民主权利意识，懂得如何运用自己的民主权利，把农村的基层民主建设好。

（二）充分的政治知识

历史上，中国农民与政治基本上是无缘的。新中国成立后，国家通过一系列政策、制度和法规大幅度提高了农民的社会地位。在党和政府的关心和重视下，农民的主人翁责任感大大增强。他们积极响应和支持党和政府的方针政策，关心国家大事，参与民主管理活动，政治法律素质有了明显提高。但是，我们也必须清醒地认识到，就总体而言，中国农民的政治知识比较缺乏。新农村建设要求广大村民必须熟知我国现行的政治制度和政治体制；了解党在农村的各项方针政策，并能做出自己的理解和评价；了解有关村民自治制度的具体内容，以便能积极参与村民自治的实践；了解自己所拥有的政治权利、应承担的政治责任，以及通过什么样的方式和渠道参政议政等，以便更好地参与农村的政治生活。

（三）强烈的政治参与能力

政治参与，是公民自愿通过各种合法方式参与国家政治生活的行为，其行为特点带有自愿性和选择性。建设新农村，需要全体村民发挥自己的聪明才智，积极投身于各种政治活动中，凭借自己所掌握的政治知识对村里的大小事务做出及时、准确的判断和选择，并通过适当的形式将自己的政治意愿和要求清楚地表达出来，表明自己的政治立场，亮明自己的政治观点，为村庄的政治发展尽力。

(四) 合理地表达政治诉求

农村政治事务无论大小，都涉及每一位农民的切身利益，不可避免地会与他人或乡镇政府发生这样那样的矛盾冲突。当自己的政治权益受到不法侵害时，应运用适当的方法和技巧，将矛盾化解在萌芽状态，达成自己的政治诉求。而事实上，发生在农村的很多不愉快事情，如村民选举中的贿选、拉帮结派、群体冲击乡镇政府等，大多是因农民处理政治事务的方法过于简单，才使矛盾激化，导致局面难以收拾。

二、新型职业农民道德素质和政治素质提升中面临的问题

(一) 功利化的价值取向

受市场经济的负面影响，商品交换的法则渐渐侵蚀到农民的精神领域，影响着农民的是非观、荣辱观、得失观、义利观。部分原本淳朴的农民也变得功利起来，价值取向功利化，进而引起传统的孝文化缺失，甚至是道德沦丧。例如，不尊敬老人、不赡养老人、夫妻关系紧张、父子反目的现象在农村一定程度存在着。买卖不讲诚信、弄虚作假、以次充好等行为也有所显现，这对本地原有特产的信誉造成极大的危害，有的地方甚至遭受惨重的经济损失，失去社会的公信度。

(二) 单调的精神文化生活

由于农民自身文化水平不高、活动范围小等诸多原因，农民的精神文化生活普遍较单调，缺乏较崇高的人生观、价值观。虽然随着农村生活水平的提高，有丰富的电视节目，有农家书屋，甚至有网络等资源，但是，很多农民都不愿接触、不愿学习新的知识，单方面攀比物质条件。例如，有的农民在生活富裕之后，红白事上大操大办，铺张浪费，不重视精神生活的丰富和提高，业余时间大多参与酗酒、赌博等有害活动，直接导致民风的涣

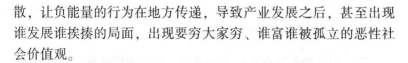

散，让负能量的行为在地方传递，导致产业发展之后，甚至出现谁发展谁挨揍的局面，出现要穷大家穷、谁富谁被孤立的恶性社会价值观。

（三）愚昧的封建习俗

在农村很多地方，由于科普工作的滞后，普遍存在封建迷信的思想，遇事请道公巫婆驱魔问卜，出门要看个吉日，逢年过节上香拜佛，甚至是修庙堂、建寺院、塑神像，各种封建迷信现象屡见不鲜。这不但破坏了原本淳朴的民风，还阻碍了农民文化素质的提高，而且影响农村地区的经济发展和社会安定，导致落后的文化和先进生产力之间形成不可调和的矛盾，让好的产业、好的产品、好的模式、好的装备在农村无法应用，影响当地的经济发展与人民生活水平。

（四）严重的短视行为

部分农民不能正确认识自己，目光短浅，为了眼前利益，放弃对文化知识和科学技术的学习，参加技术培训只是为了得到少数的误工补助，有的甚至是到时间发放误工补助才急忙赶到培训现场。他们的理由是：学习技术耽误生产，搞生产多少能挣点钱。这种短视行为在农村基层干部当中也有所体现。短视行为限制了农民在更深更广的领域和范围内获得更多的知识，限制了农民自身综合文化素质的提高。

（五）落后的小农意识思想

我国农村几千年来以"日出而作，日落而息"的方式生产、生活，居住分散、交通闭塞，长期以来受到经济的制约和思想的禁锢，形成了生产规模小、自给自足的小农经济，许多农民则养成了安贫乐道、思想保守的小农意识。由于小农意识作怪，农民常常表现为满足于自给自足，得过且过，害怕竞争，看重眼前利益，缺少开阔的视野和长远的眼光。部分农民对土地有严重的依赖性，缺乏创新精神，不敢承担市场风险，习惯于沿袭以往的劳作和生存方式，对于转变经济发展方式、发展集体经济和发挥农业规模效应存在不信任感和恐惧感。

三、影响新型职业农民思想道德、政治素质提升的主要因素

(一) 改革开放对传统观念的冲击

改革开放后，随着家庭联产承包责任制的推行，农民由原来的集体劳动者变成了以家庭为单位的个体劳动者，他们的集体主义观念也因此逐渐淡化，在生产经营中，他们更强调自我意识。而当时适应新形势需要的新道德观念还没有完全建立起来，缺乏具有较强约束力的道德力量，多种有害思潮有所显现。农民的文化素质普遍偏低，缺乏辨别能力，导致其思想道德素质呈现矛盾、复杂、多元甚至畸变的状态。

(二) 市场经济的负面影响

社会主义市场经济为农民群众施展才能提供了广阔的舞台，从而增强了他们的自主意识、竞争意识和风险意识，同时他们的自我意识也在不断增强。由于受到各种思想的影响，部分农民产生了利己主义甚至是极端个人主义的思想，集体主义观念有所淡化，对社会公益事业漠不关心。这部分农民在现实生活中一旦遇到涉及自身利益的事情就会采取实用主义观点，把自己的利益放在集体利益之上，有的甚至采取种种不正当手段，坑蒙拐骗，制假售劣，损害国家和集体利益。

(三) 重科技培训轻思想文化教育

多年来，部分地方的基层干部和群众都把主要精力放在发展生产、增加收入上面，对农村精神文明建设没有引起足够的重视，导致农民精神文化生活十分单调。平时注重开展科技讲座、致富交流和政策宣传，忽视思想教育，即使在各种培训、会议上谈到思想道德问题也只是流于形式，客观上削弱了教育效果。

（四）精神文化活动吸引力有待提高

近年来，针对农村开展的各种文化活动，由于针对性不强、设计不合理、缺乏延续性等原因，难以贴近群众的生活实际，加之各种检查、评比重内容轻形式，让老百姓喜闻乐见又能进行深刻教育的并不多，有些甚至劳民伤财，既不能解决实质性、根本性的问题，还加重了群众负担，对农民群众没有吸引力，无法调动群众积极参与，甚至遭到群众抵制。

（五）世界观、人生观、价值观等教育受到忽视

部分思想道德教育活动在教育内容上，忽视了正确的世界观、人生观、价值观的教育；在教育对象上，放松了对中年人和老年人的教育。同时，农村思想政治工作存在脱离农民关注的热点难点问题的现象，未能很好地正视和解决农民思想中存在的疑问。

四、提升新型职业农民思想道德、政治素质的措施

道德素质是人在社会生活中与他人相处，并获得社会认可的必备素质。新型职业农民的道德素质，包括人生观、价值观、道德观、思想品质以及传统思想和习惯等。新型职业农民的道德素质，不但影响农民的劳动态度和激情，也对农民其他方面素质的形成与发展具有促进或制约作用。

（一）提升新型职业农民思想道德素质的措施

在农村开展社会主义思想道德教育，首先必须坚持重在建设的方针，以立为本，以立为先，立足于实践，避免空洞的说教。通过深入开展群众性的精神文明创建活动，引导农民切合实际地践行社会主义思想道德，并使广大农民在实践活动中提高思想道德水平。

1. 用先进文化占领农村文化阵地

要破除封建迷信，关键在于加强农村文化建设，用先进文化

占领农村文化阵地。破除封建迷信思想，治本的办法是用无神论的观点、唯物论的常识占领思想阵地，去清除人们头脑中的这些污垢。做到这一点，首先必须进行持之以恒的宣传，引导广大认识无神论，农民学习无神论，逐渐使无神论深入人心。其次，通过一些典型事例教育群众，使群众真正看清骗人者的把戏，看到鬼把戏的真相。另外，还应加强中小学的自然科学和思想政治教育，培养并增强他们对封建迷信活动的认识、分析和应付能力，反过来影响他们的父母兄弟姐妹。只有持之以恒地宣传唯物论和无神论，逐渐提高农民认识世界的能力，才能根除封建迷信，才能在农村建立社会主义伦理、道德体系，才能用社会主义思想武装农民，占领农村文化阵地，塑造精神和物质高度文明的社会主义新农村。

2. 提高农民的文化水平，破除封建迷信

提高农民的文化水平，首先，要提高农村下一代的知识水平，提高了他们的素质，实际上也提高了全体农民的素质，封建迷信就能够得到制约，21世纪达到中等发达国家水平的战略目标才能顺利实现。其次，要大力普及科学知识。农民已经从科技兴农、科学种田中尝到了甜头，更要让农民了解学习科学知识的广泛好处，明白科学可以使人聪明起来，可以避免上当受骗，可以预防灾祸，可以防治疾病，可以美化心灵、充实生活。第三，要宣传卫生科普知识，使农民了解基本的卫生保健知识，了解生长发育、衰老死亡的生物学和医学道理，了解在劳动和饮食中讲卫生的重要性，了解常见病的防治和急症的救护办法，培养他们对疾病的预防和治疗能力，从而信医不信巫不信神鬼，了解优生优育的有关知识，免受迷信思想的荼毒和传统思想的束缚。

3. 积极开展多种多样有益的文化娱乐活动

农民空闲时间较多，兴趣爱好又相当广泛，其中不乏能人。可以鼓励农民自发地进行种草种树、美化田园的活动；学习摄影、绘画，描绘今天生活的美景；学习服装设计，裁剪美化自我；学习音乐知识，用音乐美化和净化心灵。还可以组织起来，演戏、说书、游戏、参观旅游，用古今中外的优秀人物和事迹，鼓励每个人发奋向上，并了解先进经验以弥补当地和自己的不足。生活充实了，精神好了，自然不再会受低级庸俗的迷信活动影响。切实改变农村文化设施落后的状况，积极引导农村居民生活需要向高层次扩展。有了丰富的物质生活资料，但如果没有健康、丰富的精神生活资料，生活方式只能是畸形的发展。在农村，特别要加强文化基础设施建设，营造良好的文化环境，为农民提供丰富的精神文化产品，积极引导农村居民的生活需要向更高层次迈进。

4. 破除不健康的生活陋习，革新传统落后的生活观念，促进新型生活方式的形成

我国农村居民生活方式由传统落后走向现代文明的根本性转变将是一个相当长的历史时期。建立文明、健康、科学的生活方式，既有赖于生产力发展水平和农民素质的提高，也需要加以正确的调控相引导。在农村，要努力发展科学教育事业，提高农民的科学文化素质，着力优化生活主体；要积极开展移风易俗活动，摒弃生活习惯中还存在的愚昧落后的东西，特别是婚嫁丧葬大操大办、封建迷信、求签问卜、赌博的陋习；要在农村生活方式变迁中，引导农民破除旧的落后的生活观念，诸如慢节奏的时间观念、安于现状的价值观念、重物质生活轻精神生活的观念，树立与社会主义建设和现代化生活要求相适应的生活观念，促进农村居民生活方式向"物质生活高档次，精神生活高格调，生活规律高节奏"方向演进。

当我们激愤于救人反被诬告，当我们心痛于幼童被撞却无人援手，张家兄妹以自己的仁义之举向我们证明：这个社会并不缺少担当，这个民族并不空缺责任。或许正因为有激愤与心痛，所以我们才会有希望；或许正因为我们面对仁义兄妹倍感温暖，我

们才会在跌倒之后站得更直，走得更远。

（二）提升新型职业农民政治素质的措施

1. 加强农村思想政治教育，提高农民的政治觉悟

加强农村的思想政治工作的核心是引导和教育农民，激发他们的积极性和创造精神，培养有理想、有道德、有文化、有纪律的社会主义新型职业农民。党的农村政策是党的理论和路线的具体体现，代表党对农业、农村和农民问题的主张，是党对农村工作规律性的总结，也是农民利益的集中体现。把农村政策落实好，是保证农村改革和发展顺利进行的关键，也是农村思想政治教育的基本内容。加强对农民的政策宣传，把政策完整地交给群众，关键是抓好地方基层干部。只有基层干部深入透彻地理解好政策，才能做好向农民宣传教育的工作，让党的政策深入民心，把广大农民的积极性、主动性、创造性最大限度地调动起来。重视对农民进行国内外时事政治教育，加强农民的国情教育，联系农村改革与发展的实际，激发农民发扬艰苦奋斗、开拓进取精神，引导农民发扬顾全大局，互助友爱和扶贫济困精神。正确处理国家、集体、个人三者之间的利益关系，自觉履行对国家、集体应尽的义务。

2. 增强农民的法制观念，开展法制宣传教育

人民群众的法律水准是一个社会文明进步、和谐稳定的基础。要针对当前的实际情况进行普法宣传，增强人们的法制观念，使干部懂得依法行政、依法办事，使农民懂得公民应有的权利和义务，了解与自己生产有关的法律、法规，达到遵纪守法。根据农民的实际文化水平，充分运用广播、电视、报纸等新闻媒体和农民群众喜闻乐见的文艺宣传形式，对农民进行广泛、深入、持久的民主知识、法律知识的宣传、教育和灌输，逐步增强干部群众的民主法律意识。

通过对农民进行以宪法、村民委员会组织法、农业法、婚姻

法、土地管理法等和农民生产生活密切相关的法律知识的宣传，使抽象、枯燥的民主理论、法律知识形象化、具体化为广大农民群众易于接受的形式，从而有效地灌输给人们，营造出一种良好的民主法律文化氛围，使人们在这种氛围中轻松地、自然地接受民主知识和法律知识的熏陶和教化。长期坚持下去，必然有助于农民政治法律意识的形成和增强。通过法制教育，使农民真正成为知法、懂法和守法的社会主义新型职业农民。

3. 加大执法力度，净化社会风气

古人云："天下之事，不难于立法，而难于法之必行""法令不信则使民惑"。社会稳定是农村改革和发展的前提。根据历史经验，法制工作搞得好的地方，农村社会稳定、经济发展和社会繁荣。

一些贫困的农民法治意识淡薄的一个原因是司法成本太高。他们无法通过法律维权。当一些贫困农民合法利益受到侵害的时候，往往就面临着两种选择：一种是牺牲自身的一些利益和对方私了。这种行为可能助长违法者对法律威严的蔑视，继续做出对他人和社会有害的事情。另一种就是要面临着高昂的法律维权成本。在权衡之下，假如当事人认为法律维权的成本大于收益很可能就放弃维权。这就需要政府成立专门的机构为贫困农民提供法律援助，这样既维护了农民的利益，也维护社会的正义。

要联系农村实际，围绕党的中心工作，分类指导，把教育与实践结合起来，推动依法专项治理工作，村干部要带头学法、守法、秉公执法，增强法制宣传和执法力度，整治农村社会治安，为农民群众提供一个安居乐业的生活环境。因为社会治安还存在不少问题，偷盗、抢劫严重干扰了农民群众的生产和生活。必须加大农村社会综合治理的力度，严厉打击各种刑事犯罪活动。在兴文化、正风气、抓法制、定规范上下功夫，通过制定并严格实行村规民约等有效形式，逐步改进村风、民风，提高农民的道德水平。

4. 完善村民自治制度，推动农民民主素养和政治参与能力的提高

村民自治的主要内容就是全面推进本村的民主选举、民主决策、民主管理、民主监督。所谓民主选举，就是由本村有选举权的村民依照法律法规规定的程序，直接选举村民委员会主任、副主任和委员，真正把村民群众拥护的思想好、作风正、有文化、有本领、真心实意为群众办事的人，选进村民委员会领导班子。所谓民主决策，就是凡涉及全体村民利益的事项和村中的重大问题，都要提请村民会议或村民代表会议讨论决定，按多数人的意见办理。所谓民主管理，就是依据党的方针政策和国家的法律法规，结合本村的实际情况，由全体村民讨论制定村民自治章程或村规民约，加强村民的自我管理、自我教育和自我服务。所谓民主监督，就是村里的重大事项和群众普遍关心的问题，都要向村民公开，由村民会议或村民代表会议评议村委会干部，村委会定期向村民会议或村民代表会议报告工作，接受村民的监督。实践证明，民主选举是村民自治的基础，民主决策是村民自治的关键，民主管理是村民自治的根本，民主监督是村民自治的保证。

通过完善村民自治的自治功能和民主机制，推动和引导农民大量地、有效地和经常地参与民主选举、民主决策、民主管理、民主监督，在具体的民主参与活动中培养农民的民主意识和民主素质。

要进一步完善村民自治制度。村民自治是广大农民实现当家做主，表达和维护自己利益的一条基本渠道和途径。因此，要协调好村党支部、村民委员会、农民三者之间的关系；健全村民委员会制度和选举制度；要完善村民代表大会制度和村民大会制度，使村民能够通过制度化的渠道参与本村政务，真正体现"民主自治"的原则。

要完善农村人民代表大会制度和选举制度，尊重并保障农民充分行使选举权利，保证农民选出自己的代表。加强人大代表同农民群众的联系，基层人大代表要及时反映农民要求和愿望，并积极接受农民监督。农村地方党组织要充分发挥政治核心作用，充分尊重并支持人大的工作，保证农村基层政权在党组织的领导下独立地开展工作，推动农村社会的进步发展。

村民自治的推行，"四个民主"的落实，初步构筑了一种新型的农村基层治理新体制，对加快我国民主政治建设进程，维护农村社会稳定，推动农村两个文明建设发挥了极其重要的作用。一是推进了农村基层民主政治建设。通过开展村民自治，培养了广大农民群众的民主习惯，增强了民主法制观念，构筑了以民主选举、民主决策、民主管理、民主监督为基本内容的农村基层民主制度的框架，开辟了一条在党的领导下建设农村社会主义民主政治的成功之路，从而加快了农村基层民主建设的进程，有力推动了农村政治体制改革与经济体制改革的相互配合、相互促进。二是促进了农村的社会稳定。通过开展村民自治，把选人、议事、监督的权力真正掌握在广大农民群众手中，依法管理自己的事情，创造自己的幸福生活，从根本上促进了农村党风廉政建设和社会风气的好转，找到了一条化解农村社会矛盾、解决农村社会问题的有效途径。三是调动了广大农民群众的积极性。通过开展村民自治，实现了农民群众的自我管理、自我教育、自我服务，激发了农民群众的主动性、创造性，培养了农民群众的民主法制意识，加快了我国民主政治发展进程。四是推动了农村基层党组织建设。广大农村基层党组织在领导村民自治的实践中，经受了考验，得到了锻炼，积累了做好新形势下群众工作和处理复杂矛盾的经验，提高了战斗力。乡镇党委和村党支部在村民自治中有效地发挥了领导核心作用，维护了大多数人的利益，威信大大提高。

【思考题】

1. 简述思想道德素质的作用。
2. 简述政治法律素质的作用。
3. 如何提升职业农民的思想道德、政治法律素质？

第三章　增强法制意识

新农村建设离不开法制建设，农民的法律素质对农村社会稳定发挥着重要的保障作用。农民的法律素质是农民掌握法律知识、增强法律意识、遵守法律规范和运用法律能力的高度统一和综合体现。当前我国农民的法律素质虽然有了明显提高，但总体仍然偏低，仍然需要采取得力的措施逐步引导和教育，以提高农民的法律素质，使之适应经济社会发展的需要。

学习目标：

通过学习，深入了解我国法律基本常识，了解和农业农民生产生活密切相关的法律法规，使当代农民懂法守法，知道如何用法律保护自己。

第一节　法律基本常识

法律是由国家制定和认可，并由国家强制力保证实施，赋予社会关系的主体相应权利和义务的社会规范的总称。

一、法律基本特征

1. 由国家制定或认可

所谓国家制定，是指法律规范可由有权创制法律规范的国家机关根据调整社会关系和规范人的行为的需要，依照一定程序制定；所谓国家认可是指由国家立法机关或司法机关赋予社会上既存的某些习惯、教义、礼仪等以法律效力而形成。

除极特殊的情况外，一个国家只能有一个总的法律体系，且该法律体系内部各规范之间不能相互矛盾，而且在本国主权范围内具有普遍的约束力。

2. 由国家强制保证实施

法律的实施主要依赖于社会主体的自觉遵守和执行，只有相关的社会主体不遵守法律规范，并依照法律规范应当就不遵守法律规范的行为承担相应的法律后果时，才会由国家机器保证实施。

3. 调整人的行为和社会关系

法律是一种社会规范，调整人的行为和社会关系。随着管理科学的出现和兴起，人类管理社会的规则呈技术化趋势，进而产生了所谓社会技术规范，如环境保护、食品卫生、建筑质量标准等，这些规范经国家制订或认可后，也可纳入法律规范的范畴。

4. 法律是规定权利和义务的行为规范

法律所规定的权利和义务不仅指个人、组织（法人和其他组织）及国家（作为普通法律主体）的权利和义务，还包括国家机关及其公职人员在依法执行公务时所行使的职权和职责。

法律的作用指法律对人的行为和社会关系所产生的影响和实效，主要分为规范作用和社会作用。规范作用包括指引作用、预测作用、评价作用、强制作用和教育作用。社会作用包括维护人民民主专政的国家制度，维护社会主义的经济制度，维护和谐稳定的社会秩序，推动社会改革与进步。

二、法律与其他社会现象的关系

（一）法与经济

（1）法与经济的联系是最根本的联系。

（2）经济基础决定法的性质，经济基础的发展变化决定着法的发展变化；法又反作用于经济基础。

（3）生产力发展的水平直接影响法的发展水平。

（4）法在市场经济宏观调控中的作用：引导作用，促进作用，保障作用，制约作用。

（5）法在规范微观经济行为中的作用：确认经济活动主体的法律地位，调整经济活动中各种关系，解决经济活动中的各种纠纷，维护正常的经济秩序。

（二）法与政治、政策

（1）法受政治的制约：体现在：政治关系的发展变化是影响法的发展变化的重要因素；政治体制的改革也制约法的内容及其发展的变化；政治活动的内容更制约法的内容及其变化。法又服务于政治。

（2）法与政策的关系：党的政策是法律的依据和指导，法律是政策的规范化、法律化，是实现党的政策的重要工具。

党的政策指导法制建设的各个环节，社会主义法是实现党的政策的重要手段和形式，同时又对党的政策起到一定的制约作用。

三、公民的基本权利和义务

公民是指具有一国国籍，并根据宪法和法律规定享有权利和承担义务的人。

（一）公民的基本权利

（1）平等权：公民在法律面前一律平等。

（2）政治权利和自由：指公民管理国家事务、参与政治生活的权利和自由。

（3）人身自由权：人身自由不受侵犯、人格尊严不受侵犯、住宅不受侵犯、通信自由和通信秘密受法律保护。

（4）宗教信仰自由：有信仰宗教和不信仰宗教的自由。

（5）社会经济权利：劳动权、休息权、退休人员生活保障权利、获得物质帮助权。

（6）文化教育权利：受教育的权利和进行科学研究、文学艺术创作和其他文化活动的自由。

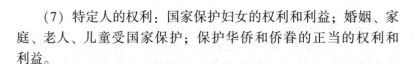

（7）特定人的权利：国家保护妇女的权利和利益；婚姻、家庭、老人、儿童受国家保护；保护华侨和侨眷的正当的权利和利益。

（二）公民的基本义务

（1）维护国家统一和各民族团结的义务。

（2）遵守宪法和法律，保守国家机密，爱护公共财产，遵守劳动纪律，遵守公共秩序，遵守社会公德的义务。

（3）维护祖国的安全、荣誉和利益的义务。

（4）保卫祖国、依法服兵役的义务。

（5）依法纳税的义务。

第二节　常用法律知识

新型职业农民不仅会种地、有经济头脑，同时还要了解法律，学会如何用法律保护、维护自身权益。

一、中华人民共和国消费者权益保护法

（一）概述

《中华人民共和国消费者权益保护法》（以下简称《保护法》）是维权的有力武器，《保护法》的颁布实施，催生和强化了消费者的权利意识和自我保护意识，标志着我国以消费者为主体的市场经济向法制化、民主化迈出了一大步。《保护法》规定了消费者享有安全权、知情权、选择权、公平交易权、获赔权、结社权、获知权、尊重权、监督权9项权利。我国公民作为消费者应该拥有的权利，第一次在国家法律中做了系统规定。随着《保护法》的贯彻实施，越来越多的消费者开始知晓并注重维护自己应有的合法权益，《保护法》也因此成为知名度最高的法律之一。

（二）作用

市场经济是法治经济，它要求人们必须具备相关的法律知识及法律意识，而广大农民消费者也迫切需要尽可能多地掌握相关法律常识。"农民苦、农民累，农民消费无所谓"的错误认识也必须从根本上清除，它要求广大农村消费者从法律层面上，对侵害自身权益的违法行为勇敢地说"不"，利用法律武器保护自身合法权益，从而从根本上改善农村的消费环境，规范农村消费市场。

（1）维护农民的利益、保护农民的合法权益：在市场经济时代，一些不法经营者利用消费者淡薄的法律意识、较低的认识能力、单薄的维权势力等弱点，销售假冒伪劣商品，欺诈消费者。尤其在我国的农村市场，一些唯利是图的经营者竟然把农村当作"销废"市场，肆意侵害农民朋友的消费权利。

（2）帮助农民朋友学会农村消费者的日常消费、农业生产资料消费、农村医疗卫生及农民消费者维权的途径等方面的知识。

若遇到自身消费权利被侵害，应有效地利用《权益保护法》及其他相关法律来保护自己的权利，在今后消费中做到提前"防御"的心理准备，最大限度地减少权利被侵害的可能。

（3）帮助农民了解遇到假农药、假化肥、假种子……坑农、害农等如何维权？遇到劣质农机具、伪劣食品等伤人、害人等如何索赔？

【案例】

农机产品对于广大农民朋友来说并不陌生，几乎家家户户都有一至两套农用机械，例如，农用三轮车、拖拉机、播种机、收割机等，它们是农民朋友们进行生产和生活不可或缺的重要工具。农机产品在为我们进行农业生产和家庭生活带来便利之余，也为我们带来了伤害。由于设计和制造原因而造成产品本身的缺陷，使产品存在潜在的危险性，因此造成人身伤害的事件数量有上升的趋势。本案要为大家讲述的就是因产品质量问题而导致的剥皮机"咬人"事件。

又是一年的金秋时节，本应是收获的季节，但是某县村民郭新瑞（化名），在收获后却遭遇了一件悲惨的事情，操作玉米剥皮机让一根钢钉插到了他右手的食指里！事情的经过是这样的：2005 年 9 月 21 日，郭新瑞和家人一起，在自家院子里给收获的玉米剥皮，以前全家人是用手工完成的，但是从今年开始，村里有人用玉米剥皮机这种现代化的机器。郭新瑞家今年收获了 2 万 ~ 3 万千克玉米，如果用这种玉米剥皮机，两三天就能把活儿干完。于是他经过本村村民王某的介绍，由一个代销点的经销商直接送货上门。一上午，他用购买的玉米剥皮机就完成了将近 1/5 的工作，看到这台机器这么高的效率，干得很来劲儿。刚吃过中午饭，他就又在这台机器前忙活了起来。这时意外发生了。原来，当时郭新瑞负责把带皮的玉米放进剥皮机的进料口，其他人负责整理已经剥下来的玉米叶和剥好的玉米。由于干活心切，郭新瑞每次往进料口里放进的玉米过多，导致进料口经常被堵住，他就用棒子往里杆了杆，谁知这样右手就被刮上了！是他自己不小心吗？事故到底是怎样发生的呢？原来，玉米剥皮机里高速旋转的绞棍是伤人的罪魁祸首。这种器械里面有四根高速旋转的绞棍，人的身体一旦接触到这种绞棍，很有可能被它们旋转挤压。郭新瑞的右手食指正是这样骨折了，虽然现在他的伤口基本愈合，但用于固定骨头的钢钉还插在肉里，所以他只能用一只手干活，非常不方便。据说，不少村民都购置了这种玉米剥皮机，而且互相借用的情况也很多，所以绞伤手指的事情时有发生，不仅在这个村子有农民被玉米剥皮机绞伤，而且附近几个乡镇的好几位农民也有相同的遭遇。

【案例分析】

本案中，农民朋友们应该注意以下几点。

第一，从购货渠道上看，案件主人公郭新瑞购买的这种玉米剥皮机是通过本村村民王某给经销商打了个电话，而由经销商直接送货上门购得，他本人根本没有像购买一般商品那样，到销售地点仔细挑选，当然也就无从得知这个销售点正规与否。事实上，郭新瑞购买的玉米剥皮机并非是从正规农机产品销售部门购得，从这类不具有资质的代销点所购得的器械，通常没有产品合格证书，也没有使用说明书，更没有"三包"服务即包修、包换、包退（它是产品质量瑕疵担保责任的俗称，包括修理、更换、退货责任。按照法律规定，产品销售者售出的产品若质量不符合法律的规定或者合同约定的质量要求，应当向消费者也即买方承担以上三种责任中的一种。但是，消费者要求赔偿的方式不限于这三种方式，例如，消费者购买的产品造成如本案中的损失，本案主人公可以要求产品销售者承担误工费、大件器械的运输费等损失）。同时，这样的伪劣产品，也得不到农机安全主管部门、农机安全监理部门、质量监督部门、工商行政管理部门等部门的层层把关，安全系数非常低。所以，农民朋友应该从正规的农机销售点购买农机产品。

第二，即使是正规渠道购得的农机具也会存在一定的质量问题，更不要说是非正规渠道购得的农用机器。例如，一些新开发的具有特殊用途的农机产品，产品的开发处于初级阶段。技术条件还未成熟，生产标准也不明确，危险的存在也就在所难免。这种情形下，农民朋友要利用法律的武器保护自己的人身、财产权益。根据《中华人民共和国消费者权益保护法》第54条的规定：农民购买、使用直接用于农业生产的生产资料，参照本法执行。也即，农民朋友如因使用农机具而导致损害，可以依照《中华人民共和国消费者权益保护法》的规定来保护自己。本案属于农机具伤人，不符合质量要求的玉米剥皮机，严重损害了郭新瑞作为一个消费者所享有的"安全保障权"，因此，郭新瑞可以依据《中华人民共和国消费者权益保护法》的规定向生产者或经营者任意一方索赔。

第三，若从正规渠道购得的农机具存在质量问题，可以要求经销商退换。依据《农业机械产品修理、更换、退货责任规定》第十四条明确规定：产品自售出之日起 15 日内发生安全性能故障或者使用性能故障，农民可以选择换货或者修理，销售者应当按照农民的要求负责换货或者修理。

农机具伤人事件在现实中屡屡发生，令我们感到痛心。在此，提醒广大农民朋友们在购买农机产品时，一定要细心比较，综合考虑产品的价格、质量、服务，尤其是具有特殊用途及新开发的农机产品，千万不要盲目地随从他人，也不要盲目相信广告和宣传。购买时要谨记索要发票、产品合格证、使用说明书、"三包"凭证，使用农机产品时要严格按照说明书的要求进行操作，并注意定期保养。同时，广大农民朋友在日常生活中要注意学习相关法律、法规。提高自身的维权意识，积极保护自身合法权益。

二、中华人民共和国环境保护法

（一）概述

《中华人民共和国环境保护法》共 7 章，包括总则、监督管理、保护和改善环境、防治污染和其他公害、信息公开和公共参与、法律责任和附则。主要内容有：①适用范围包括：大气、水、海洋、土地、矿藏、森林、草原、野生生物、自然遗迹、人文遗迹、自然保护区、风景名胜区、城市和乡村等。该法规定应防治的污染和其他公害有：废气、废水、废渣、粉尘、恶臭气体、放射性物质以及噪声、振动、电磁波辐射等。②通过规定排污标准，建立环境监测、防污设施建设。同时，交纳超标准排污费等制度，保护和改善生活环境与生态环境，防治污染和其他公害。

（二）作用

1. 改善农村人居环境质量

（1）调整农村能源结构，推广使用电、水能、太阳能、沼气等清洁能源。

（2）结合生态区创建，大力推进环境优美乡镇、生态村建设。

（3）实施生态移民工程：对严重缺水、无路、少田地等居住条件恶劣地区及生态环境敏感地区的农村居民实施搬迁，向集镇或农村居民点集中，改善农民生活条件。

2. 防治农业及农村生态环境污染

（1）加强农村环境保护：严格控制污染企业向农村转移，禁止向农业生产基地超标排放工业废水、生活污水、倾倒处置工业固体废物和城镇生活垃圾，控制工业、生活"三废"对农业环境的污染。

（2）开展农林病虫害综合防治，大力发展生态农业：在全区推广农林病虫害生物、物理防治技术，开展农业有机废物和规模化畜禽养殖场粪便的综合利用，全面推行无公害农产品生产，大力开展绿色有机农产品基地建设。

3. 保护、合理利用与增殖自然资源

（1）切实加强水、土地、森林、矿产等重要自然资源的环境管理，严格资源开发利用中的生态环境保护工作，遵守相关法律法规，履行生态环境影响评价手续，对资源开发重点建设项目，要求编报水土保持方案。

（2）建立生态功能保护区，保护生物多样性：在河（库）源头区、水土保持重点治理区及生物多样性丰富典型地区，抓紧新建、扩建一批生态功能保护区和自然保护小区，使农村生态环境得到有效保护。

【案例】

某市郊 4 个村委会起诉位于该市郊的水泥厂。原告诉称，被告在生产水泥过程中超标排放粉尘，污染环境，影响农作物生长和人畜健康，给原告造成了损害。因而请求赔偿 11 年的经济损失共约 693 万元，水泥厂停产或搬迁。被告辩称，水泥厂因建于十年动乱时期，初期的确有超标排污问题，但自《环境保护法（试行）》及其他相关法律公布以来，经过治理，排尘已经达标，成分性能与一般尘土相同，而不是水泥粉尘，因此，不必承担责任。该市中院审理此案，认为原告起诉依据是以硅酸盐水泥粉尘为研究对象的试验结论，而调查化验发现被告排放粉尘主要为未经煅烧的生料粉尘。生料粉尘的危害尚无确切研究结果和定论。原告无法提供确切证据，因此，不予完全支持。而被告以前确实曾有长期超标排放的行为，因此，判决被告赔偿该时期的损害，并一次性赔偿原告 35 万元。

【案例分析】

（1）该中院的审理过程不太恰当。因为根据我国法律规定，对于原告提出被告污染环境引起损害而请求赔偿的，被告否认侵权事实，由被告负责举证。本案中，应由水泥厂承担证明生料粉尘无害的责任，而不应由原告证明生料粉尘有害。水泥厂无法证明的，即视为该事实成立。对于超标排放的损害应予赔偿的判决是恰当的。

（2）环境民事法律责任的承担不要求行为的违法性，因此仅仅以是否超标排放来划分是不正确的，这至多是其损害事实的一个证据。本案中，被告无法证明其排放物无害时，根据法律规定，应推定存在因果关系，应由他承担赔偿责任。同时，应充分考虑自然灾害、气候等其他原因造成的损害，分清被告承担责任的大小。

三、中华人民共和国种子法

(一) 概述

国家为管理农作物品种的审定和种子的鉴定、检验、检疫、生产、加工、贮藏和经营等而制定的法规。目的在于保证农业生产用种子的质量和发展种子的生产、贸易，使育种工作者及种子生产者、经营者和使用者的权益在法律上得到保护。

该法律由 11 章组成，分别是：总则、种质资源保护、品种选育与审定、种子生产、种子经营、种子使用、种子质量、种子进出口和对外合作、种子行政管理、法律责任、附则。主要内容如下。

（1）对种子事业的扶持措施：种子在发展现代农业、林业中具有重要地位，从一定意义上讲，种子是一种战略物资，关系国计民生和粮食安全。同时，种子又是特殊的生产资料，其生产经营受自然因素的影响，风险性较大。种子的这些特点决定了需要对种子事业给予更多的扶持。

（2）种质资源保护：种质资源是国家的重要资源，是选育植物新品种的基础材料，保护和利用好种质资源事关国家利益和种子发展水平。

（3）维护育种者的合法权益：维护育种者的合法权益，调动育种者的积极性，是加快品种更新换代，不断提高种子质量，推动种子产业发展的关键。

（4）品种审定制度。

（5）种子生产、经营许可制度。

（6）保护种子使用者的合法权益：目前，农民因种子质量问题遭受损失和受假冒伪劣种子坑害时，往往找不到责任人，无法或难以得到赔偿，有的得到赔偿也往往只是购种价款，与农民遭受的实际损失相差甚远。为了使农民可以直接向种子出售者要求得到合理的赔偿。

（7）种子管理体制和执法主体。根据中央有关机构改革的精神，种子管理应当实行政企分开、政事分开。农业、林业行政主管部门及其工作人员不得参与和从事种子生产、经营活动；种子生产经营机构不得参与和从事种子行政管理工作。种子的行政主管部门与生产经营机构在人员和财务上必须分开，同时对行政主管部门在实施监督管理中的收费及法律责任作出了规定。

（二）作用

（1）保护和合理利用种质资源，规范品种选育和种子生产、经营、使用行为，维护品种选育者和种子生产者、经营者、使用者的合法权益，提高种子质量水平，推动种子产业化，促进种植业和林业的发展。

（2）维护农民购买种子的自主权益：《中华人民共和国种子法》（以下称《种子法》）规定："种子使用者有权按照自己的意愿购买种子，任何单位和个人不得非法干预。"在法律责任中还规定："强迫种子使用者违背自己的意愿购买种子给使用者造成损失的，应当承担赔偿的责任。"

（3）使广大农民遇到因种子质量问题遭受损失和受假冒伪劣种子坑害时，有法可依，给农民提供了强有力的法律保护。

《种子法》规定："种子使用者因种子质量问题遭受损失的，出售种子的经营者应当予以赔偿，赔偿额包括购种价款、有关费用和可得利益损失。"

【案例】

2003 年 2 月，某县农业局执法支队接到举报，称种子市场上销售的外包装标明为"甲优 802"的水稻种子其外观形状与"甲优 802"有显著不同。根据举报线索，县农业局执法大队在某乡一家种子经营部仓库查获了大批涉嫌假冒"甲优 802"杂交水稻种子，种子外包装显著位置标有"超级优质水稻"和"甲优 802"字样，右上角还印制了一个发明人照片和发明专利号，下面注明有某种业有限公司专利产品、全国联网合作单位经销种子。执法人员在进行现场调查时，当事人极不配合，引起了很多群众围观。为迅速撤离现场，防止假冒水稻种子流入市场，执法人员立即对涉嫌假水稻种子进行先行登记保存，填写了由农业局负责人签字的《证据登记保存清单》，并依法进行抽样取证，制作了《抽样取证凭证》，当事人现场在有关凭证上签字。当事人提出，登记保存的规定期限只有7天，要求县农业局必须在7天之内予以答复，7天之后有权自行处理。执法人员还在现场调取了涉嫌假冒水稻种子的销售凭据。

为在法定期限内对该批包装标明的"甲优802"种子是真是假作出鉴定，某县农业局委托某市种子质量监督检验所进行鉴定。某市种子质量监督检验所按照检验规程对送检样品进行检验，检验结果证明该种子经营部经营的种子，同审定品种"甲优802"特征明显不同，认定该品种不是经品种审定通过的"甲优802"。县农业局据此认定该种子是假种子，并在7天之内将检验结果告知了当事人，当事人配合执法机关，采取措施积极收回已经销售出去的种子，对销售外县的种子，提供了销售去向和销售发票。按照《种子法》第46条、第59条的规定，某县农业局对当事人经营假种子行为依法给予行政处罚，当事人在法定期限内履行了行政处罚决定。此案涉及的种子生产单位属某市管辖以外的行政区域，在省级农业行政主管部门的督办下，已经对生产"甲优802"的违法行为人追究了法律责任。

【案例分析】

本案主要涉及一般行政处罚程序中的抽样取证和证据登记保存问题。在执法实践中，只要行政处罚进入一般程序，就不可避免涉及先行登记保存证据和对证据进行抽样取证问题。

一、先行登记保存证据

对当事人涉嫌违规的证据进行登记保存是《行政处罚法》赋

予行政机关收集证据、保全证据的一种手段。《行政处罚法》对这种手段的使用作了限制性规定，即在证据可能灭失或者以后难以取得的情况下，经行政机关负责人批准，可以先行登记保存，并在 7 日内作出处理决定，在此期间，当事人或者有关人员不得销毁或者转移证据。本案中的当事人对农业执法人员提出登记保存不能超过 7 天的要求，农业行政机关在法定 7 天之内，查清案件事实，为案件的顺利处理奠定了基础。由于农业行政机关依法管理的农资产品品种繁多，当事人违法行为和违法手法不断变化，法律规定的先行登记保存证据的方法同实践经常发生矛盾和冲突。常见的主要问题和处理方法如下。

（1）关于保存期限问题。按照《行政处罚法》规定的 7 天期限，有的案件 7 天之内可以有了初步调查结果，对登记保存的物证可以根据案件情况和法律规定，或没收或退还。超过 7 天，没有作出处理的，视为自动解除登记保存。但是，有的案件在 7 天之内很难作出结论，为继续进行案件调查，有的地方执法人员采取再进人第 2 个登记保存期间，这种处理方法没有法律依据。

（2）关于异地保存问题。原地保存有可能妨害公共秩序或者公共安全的，可以异地保存。对异地保存的物品，农业行政处罚机关应妥善保管。对异地保存物品应当严格控制，不能随意采取异地保存。行政机关对异地保存的物品如果没有妥善保管，发生损失的，当事人有权请求行政机关赔偿。

（3）关于先行登记保存应当由行政机关负责人批准的问题。《行政处罚法》规定先行登记保存应当经行政机关负责人批准同意，并在登记保存清单上签字。在执法实践中，行政机关负责人只能预先在登记保存清单上签字。

（4）先行登记保存的程序问题，按照规定执法人员不得少于 2 人，现场填写《证据登记保存清单》，要求字迹清晰，不得涂改，并由执法人员和当事人共同签字，当事人和行政机关分别保存 1 份。

（5）调查结束后，对不予没收的物品，应当及时退还，并填写《先行登记保存物品退还清单》，交当事人认可签字。

（6）经过调查，对依法应当予以没收的产品，应当作没收违法产品的处罚决定。

二、对证据进行抽样取证

抽样取证是对当事人违法生产和经营的产品，按照所能代表的数量，抽取样品后送交具有检验和鉴定资格的法定机构进行检验和检测，其检验和检测结果作为认定当事人违法行为性质和程度的依据，决定行政机关的行政处罚的种类和轻重程度。《行政处罚法》规定行政机关在收集证据时，可以采取抽样取证的方法。因此，抽样取证方法已经成为农业行政执法活动中对假劣农资产品进行质量鉴别的常用手段。如本案中执法人员对当事人经营的水稻种子进行了现场抽样取证，并将代表样品送法定的种子质检机构检验，检验结果确认当事人经营的种子属假种子，据此对当事人的违法行为进行认定并予以处罚。采取抽样取证方法一般是按照规定的方法、数量抽取，现场封存样品，当事人签字。填写固定格式的《抽样取证凭证》，行政机关盖章，调查人员和当事人签名。有的行政机关还设计抽样取证清单，详细记载抽样取证产品的情况。本案中，农业行政执法人员对先行登记保存物品抽样送检，种子鉴定机构在 7 天之内提供了检验报告，案件的初步调查在 7 天之内完成。按照《种子法》的规定，农业行政机关对先行登记保存的假种子，依法予以全部没收，并作出相应的行政处罚决定。

三、主要问题

（1）伪劣种子如何认定：以此种品种种子冒充他种品种种子属伪劣种子。种子是农作物和林木的种植材料或者繁殖材料，包括籽粒、果实和根、茎、苗、芽、叶等。生产、销售伪劣种子，不仅使农业或者林业生产经营者因减产而遭受较大损失，严重损害种子种植者的合法权益，也破坏了国家对种子质量的监督管理制度。因此,《中华人民共和国种子法》第四十六条规定:"禁止生产、经营假、劣种子"。《中华人民共和国种子法》第五十九条规定:"生产、经营假、劣种子的,由县级以上人民政府农业、林业行政主管部门或者工商行政管理机关责令停止生产、经营,没收种子和违法所得,吊销种子生产许可证、种子经营许可证或者营业执照,并处以罚款;有违法所得的,处以违法所得5倍以上10倍以下罚款;没有违法所得的,处以2 000元以上50 000元以下罚款;构成犯罪的,依法追究刑事责任"。《刑法》第一百四十七条专门设立了生产、销售伪劣种子罪。

(2) 生产、销售伪劣产品罪与生产、销售伪劣种子罪如何区分 所谓生产、销售伪劣种子罪,是指生产者、销售者违反种子管理法规,生产、销售假种子、劣种子,使生产遭受较大损失的行为。

(3) 裁判理由 本罪的犯罪对象是假种子和劣种子。关于假种子和劣种子的认定,《种子法》第46条有明确规定:"下列种子为假种子:①以非种子冒充种子或者以此种品种种子冒充他种品种种子的;②种子种类、品种、产地与标签标注的内容不符的。下列种子为劣种子:①质量低于国家规定的种用标准的;②质量低于标签标注指标的;③因变质不能作种子使用的;④杂草种子的比率超过规定的;⑤带有国家规定检疫对象的有害生物的。

四、改正建议

(1) 针对此次确山的假劣种子案件,全国种子管理系统要引以为戒,对两年来发生在各个辖区的案件进行一次全面的自查自纠,清查工作中是否存在工作不力、效率低下和吃、拿、卡、要等方面的问题,对问题严重和作风腐化的人员,要坚决清除出管理队伍。

(2) 确立案件查处责任制和大案错案追究制,实行各辖区内单位一把手负总责的原则,对执法不严、办案不公、执法违法、推诿扯皮、效率低下等问题，要严肃处理，一追到底。

（3）实行重大案件报告制度。对于因假劣种子给生产上造成严重损失、影响较大的案件，要及时逐级上报并随时报告处理进度。对案值5万元以上的假劣种子案件，必须按《刑法》规定，及时移交司法部门处理。

（4）各级种子管理部门，要认真开展一次法律法规学习和职业道德教育活动，增强为民服务意识，进一步提高种子管理人员的业务素质和办案水平，做到秉公执法、程序合法、廉洁高效。

四、中华人民共和国畜牧法

（一）概述

为了规范畜牧业生产经营行为，保障畜禽产品质量安全，保护和合理利用畜禽遗传资源。维护畜牧业生产经营者的合法权益，促进畜牧业持续健康发展，制定本法。

畜牧法的立法宗旨之一就是为了规范畜牧业生产经营行为，保障畜禽产品质量安全。具体章节中都始终贯穿了这条主线。畜禽遗传资源保护、种畜禽品种选育与生产经营特别是畜禽养殖一章，重点规范畜禽养殖行为，并确立了畜禽产品质量追溯制度。为保障畜禽产品质量和安全，畜牧法对分散养殖进行了规范，对养殖场和养殖小区的条件要求、养殖行为、畜禽标识和养殖档案、畜禽养殖环境保护和动物福利等作出了规定。

（二）作用

《中华人民共和国畜牧法》（以下简称《畜牧法》）作为我国第一部针对畜牧业生产经营活动全过程制定的国家法律，它的颁布和实施，对推动我国畜牧事业的健康发展具有重大意义，是我国畜牧业发展史上的一个里程碑。

（1）学习《畜牧法》，可以使农民认识到畜禽遗传资源保护缺乏严格的制度，一些珍贵畜禽品种灭绝或者濒临灭绝，有的流失国外。

（2）假劣种畜禽坑农害农事件常有发生，学习《畜牧法》可以加强农民种畜禽生产经营管理的意识。

（3）提高农民的包头水平，加强疫病防治的意识：小规模分散饲养与动物疫病防治的矛盾日益突出。一些农户因饲养水平低，疫病防治意识不强，导致疫病流行。

（4）提高农民畜禽产品质量安全意识：养殖者不按规定使用饲料、饲料添加剂、兽药等投入品，畜禽产品质量安全问题严重。

（5）提高我国畜禽产品的市场竞争力：需要建立农产品质量安全责任追究制度、畜禽标识制度、畜禽档案制度等。

【案例】

武汉查处"瘦肉精"案

从武汉市"瘦肉精"专项整治工作汇报会上获悉，该市2004年破获了一起"瘦肉精"经销案，其原料制造者竟为高校教授。

2008年以来，武汉市检出"瘦肉精"呈阳性的生猪和肉品，均为外地输入。但在2004年3月的一次养殖环节抽检中，发现蔡甸区有4个养殖小区的生猪检测结果呈阳性。经省进出境商品检验检疫局技术中心检测，一种名叫"猪重强"的饲料添加剂中含有莱克多巴胺（俗称"瘦肉精"），含量为19.4微克/千克。4月8日，蔡甸区公安人员以采购兽药为由，将该饲料添加剂的武汉经销商张某抓获。经查，张某经销的"猪重强"生产批号、生产许可证均系捏造，分别销往蔡甸区、江夏区、红安县等地多个养猪户。相关部门迅速采取行动，在各地没收销毁违禁饲料"猪重强"，并对相关经销企业给予罚款、责令整改等处罚，养猪户也被告知一律停用违禁饲料、经检测合格后方可屠宰销售。

经过跨省侦查，公安人员最终顺藤摸瓜抓获本案"瘦肉精"

的制造者合肥市某医学院教授汪某、组织生产的广州农丰工贸公司林某、生产者王某和总经销罗某等犯罪嫌疑人。

【案例分析】

畜禽产品质量安全问题关系着人民群众的身体健康，是社会关注的热点问题。近年来，由于部分畜禽饲养者受利益的驱动，在畜禽饲料中使用违禁药物或者添加剂的现象时有发生，对消费者的生命安全造成一定危害。

畜牧法加强了对畜禽养殖生产过程的规范，加强了活畜禽交易与运输的管理和监督，强化了畜禽饲养环节的质量管理，尤其是对畜禽养殖的投入品使用进行了规范。畜牧法明确了畜禽养殖场、养殖小区应当具备的条件，规定其应当向所在地县级人民政府兽医行政主管部门备案，取得畜禽标识代码。畜禽养殖场应当建立养殖档案，饲料、饲料添加剂、兽药等投入品的使用情况都要在养殖档案中载明。这样一来，消费者如果买到不合格的肉，就可以追查到底。

五、合同法

（一）概述

（1）合同法是调整平等主体之间的交易关系的法律，它主要规范合同的订立、合同的效力、合同的履行、变更、转让、终止、违反合同的责任及各类有名合同等问题。在我国，合同法并不是一个独立的法律部门，而只是我国民法的重要组成部分。

（2）合同法在为经济交易关系提供准则，保护合同当事人的合法权益，维护正常的交易秩序方面具有重大意义，一部好的合同法能够促进一国经济的发展。

（3）合同又称为契约，是市场经济社会最常见的商品交换法律形式。

（4）我国的合同法指的是平等主体的自然人、法人、其他组织之间设立、变更、终止民事权利义务关系的协议。

（二）作用

合同是一个商业交易的核心，是交易双方应遵守的行为规则，是财富的源泉。掌握一些实用的合同法知识对新型职业农民的重要性不言而喻。

1. 审查合同对象

审查合同对象有两种方法；一种是形式审查，一种是实质审查。

形式审查包括以下几种。

（1）验证对方营业执照，现在各个地区的工商局都开通多了网上查询的服务可以上网验证营业执照的真伪。

（2）查询对方公司详细工商登记档案，相对于验证营业执照而言，这种方法可以更全面的了解对方公司，如营业执照上不能反映的各种变更记录。查询对方公司工商登记档案需律师。

（3）合同印章审查，公司常用的印章种类有公章（有人称行政章）、合同专用章、投标专用章、财务专用章、部门章等。

2. 学习签订怎样的合同

（1）合法：这是评估合同好坏的最基本前提。合同目的、合同的交易主体、交易标的和权利义务等合同内容均不得违法我国的法律法规司法解释等的强制性和禁止性规定。不具合法性的和合同，如同建立在沙滩上的大厦，根基崩溃，其苦心建立的合同体系也会轰然倒下。

（2）双方权利义务均衡：交易中没有绝对公平的条款，只有相对平衡的利益。因为商业交易的本质，就是商人利用自己的优势地位，使自己的利益相对最大化，所以在具体的合同条款上，肯定有相对不公平之处，一方是否接受这些条款，重点不在于考虑法律上是否公平，而是在商业上能否达到利益平衡。

（3）双方主要权利义务文字表述清晰无歧义。

（4）对方所有义务应有向对应的违约责任。

3. 格式合同的使用

格式合同就是采用或包含格式条款的合同，格式合同也称合同模板、合同范本、制式合同等。典型的格式合同法定条款完备，签订合同的方式就是填空。格式合同有利于加快合同谈判进程，节省合同主体交易成本，降低格式合同提供者的法律风险，因而被广泛使用于各行各业中。可以说当今社会中一个人一生中签订最多，最重要的合同就是格式合同，如电信合同、保险合同、商品房买卖合同、绝大部分的劳动合同等。因此，了解一些与签订格式合同有关的常识十分必要。

4. 怎样执行合同

（1）每一个合同应明确合同执行负责人，要求合同执行负责人熟悉合同条款悉，全面掌握合同履行的各方面的情况。

（2）收集、保存好与合同履行有关的所有资料。

【案例】

甲是一家贸易公司与乙签订钢材买卖合同约定甲以 5 000 元每吨向乙出售钢材 500 吨，2009 年 7 月 22 日交货。甲向丙钢铁公司订购同型号钢材 500 吨，4 500 元每吨，2009 年 7 月 10 日交货，没有违约金条款。因生产设备故障，丙不能按期交货给甲，甲为了履行对乙的义务紧急向丁钢铁公司采购同型号钢材 500 吨，价格 5 000 元每吨。

【案例分析】

本案争论焦点：丙是否应该赔偿甲的可得利益。

甲方理由：如果丙方履行合同，甲方就可以履行与乙方的合同，从而获取 2 500 000 元的差价利益，所以甲的预期可得利益的

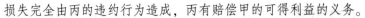

损失完全由丙的违约行为造成，丙有赔偿甲的可得利益的义务。

　　丙方的抗辩理由是：丙方并不知道甲方与乙方签订合同的内容，因而不能给予赔偿。法院最终判决支持了甲的诉讼请求。

　　回到上述案例，法官认为：甲是一家贸易公司，理所当然地要依靠商品买进卖出的差价获利，10%的差价也符合正常的商业惯例，虽然丙宣称没有预见到甲的损失，但在正常情况下，"理性人"应当预见到甲方的损失，所以，法官依据合同法113条（以下是具体条文：当事人一方不履行合同义务或者履行合同义务不符合约定，给对方造成损失的，损失赔偿额应当相当于因违约所造成的损失，包括合同履行后可以获得的利益，但不得超过违反合同一方订立合同时预见到或者应当预见到的因违反合同可能造成的损失），做出支持甲方诉讼请求的判决。

六、农村土地承包法

（一）概述

　　农村土地承包法全文约 7 000 字，共有 5 章、65 条，分为总则、家庭承包、其他方式的承包、争议的解决和法律责任、附则。《中华人民共和国农村土地承包法》（以下称《农村土地承包法》）规定，农村土地承包采取农村集体经济组织内部的家庭承包方式，不宜采取家庭承包方式的荒山、荒沟、荒丘、荒滩等农村土地，可以采取招标、拍卖、公开协商等方式承包。任何组织和个人不得剥夺和非法限制农村集体经济组织成员承包土地的权利。农村土地承包法用法律的形式对土地承包中涉及重要问题作出规定，必将进一步稳定党在农村的土地承包政策，对于保障亿万农民的根本权益，促进农业发展，保持农村稳定，具有深远意义。

（二）作用

《农村土地承包法》体现了"三个代表"重要思想，符合我国农村的实际和农民心愿，其作用主要体现在以下几个方面。

1. 稳定和完善以家庭承包经营为基础、统分结合的双层经营体制的坚实基础

《农村土地承包法》第1条明确地把"稳定和完善以家庭承包经营为基础、统分结合的双层经营体制"作为制定这部法律的指导思想和立法宗旨，并把它放在最首要的地位，是立法的主要目的。《农村土地承包法》是稳定和完善以家庭承包经营为基础、充分结合的双层经营体制的坚实基础。

2. 农村土地承包关系长期稳定的有力保障

《农村土地承包法》第4条第1款规定："国家依法保护农村土地承包关系的长期稳定。"这一法律规定，为农村土地承包关系长期稳定提供了有力的法律保障。

《农村土地承包法》第1条明确规定："赋予农民长期而有保障的土地使用权。"它是该法的立法核心。

3. 充分调动和保持农民生产劳动积极性

《农村土地承包法》从保护农民承包权、保护承包方的土地承包经营权、规范和引导土地承包经营权流转等作出法律规定，从而真正体现了充分调动和保持农民生产劳动积极性的立法之本质。

4. 保护广大农民根本利益

土地承包经营权是一项重要的民事权利，是一项重要的财产权。《农村土地承包法》第1条明确规定："维护农村土地承包当事人的合法权益。"它是《农村土地承包法》立法的指导思想和根本目的。

5. 推动新阶段农业和农村经济发展

《农村土地承包法》颁布和实施，将对新阶段农业和农村经

济发展带来新的变化：①赋予农民长期而有保障的土地使用权，必将有利于保持和充分调动广大农民的生产积极性，有利于加大土地投入，增加农业生产科技含量，大力开拓农产品市场，不断提高农业和农产品的竞争力。②有利于推进农村经济结构的战略性调整。③有利于土地承包经营权流转，逐步推进适度规模经营，实现土地资源的优化配置，提高土地利用率。④有利于吸纳各种社会资金投入农业生产和农业的综合开发利用。⑤必将促进农业的可持续发展，不断改善农业生态环境。

【案例】

未签土地承包合同，打工回乡包地被驳

因外出打工，两农民在1998年第二轮土地承包时未与村委会签订土地承包合同，2004年二人回到家乡要求继续承包土地未果，遂将各自所在村的村委会告上法庭。近日，哈尔滨市中级人民法院作出判决，驳回了他们的诉讼请求。

董某和孙某分别是哈尔滨市延寿县福山村和新兴村的村民。他们因外出打工，在1998年第二轮土地承包时都未与村委会签订土地承包合同。2004年初，二人回到家乡，要求继续承包土地，但此时他们原先承包的土地早已转包他人，董某和孙某将各自的村委会告上了法庭，要求村委会返还他们的土地承包经营权。一审法院审理后认为，董、孙二人在第二轮土地承包时没有与村委会签订土地承包合同，双方没有形成权利义务关系。他们二人外出打工回乡要求承包土地，应通过民主协商，由各自的村委会从现有机动地中予以调整，遂驳回了他们的诉讼请求。二人不服向哈尔滨市中级法院提出上诉。

哈尔滨市中级法院经过审理，当庭对这两起案件进行了宣判，维持一审判决，驳回二人的上诉。

七、土地管理法

（一）概 述

《中华人民共和国土地管理法》是为了为了加强土地管理，维护土地的社会主义公有制，保护、开发土地资源，合理利用土地，切实保护耕地，促进社会经济的可持续发展而制定的法律。土地管理法指对国家运用法律和行政的手段对土地财产制度和土地资源的合理利用所进行管理活动予以规范的各种法律规范的总称。

1986 年 6 月 25 日第六届全国人民代表大会常务委员会第十六次会议通过，自 1987 年 1 月 1 日起施行。全国人大常委会分别于 2004 和 2011 年对其中个别条款进行了修订。

（二）作 用

（1）合理的利用土地资源。

（2）有效地避免土地纠纷。

（3）防止耕地退化，维护和提高耕地质量。

【案例】

甘肃省宁明法院受理一起土地征用补偿费分配纠纷案件，被告以原告在被征用地上没有承包地为由拒绝发放补偿费。随着城市建设扩张，农村土地被大量征收，征地补偿费分配时常引发纠纷。农民因处于弱势地位，合法权益受到侵害，导致此类案件时有发生。

2011 年初，北仁经联社第七村民小组位于"浦海"10.60 亩的土地被宁明东亚糖业有限公司征用，共获得土地补偿费418 700元。北仁经联社第七村民小组成员共为 105 人。村民小组在分配土地补偿费时以许家一户在被征地处没有承包地为由把许家 6 人排除在外，许家 6 人未分得任何款项。许某等 6 人多次要求支付应得的土地赔偿费，但都以种种理由拒绝。许某遂反映至政府，宁明县人民政府于 2011 年 4 月 25 日专门召开会议，建议北仁经联社第七村民小组及时将"浦海"土地征用补偿费许某等 6 人应得部分发放到位，但北仁经联社第七村民小组并未履行。

为维护自己合法权益，许某一家 6 口人上诉至宁明县人民法院，要求支付所得补偿费共 24 395 元。被告北仁经联社第七村民小组辩称，许某一户在被征地上没有承包地，分给补偿费不符合国家政策规定，征地补偿费方案是经全体村民开会讨论决定，符合国家政策及村民利益。

法院认为，根据《中华人民共和国土地土地管理法实施条例》第 26 条规定"土地补偿费归农村集体经济组织所有。"农村土地被征用后的土地补偿费，其性质是对集体土地所有权的补偿。土地补偿费在土地被征用后，统一支付给作为被征用单位的农村集体经济组织。本案中，因宁明东亚糖业有限公司征用而取得的土地补偿费，是属于村民小组集体土地所有权的补偿，土地被征用取得的补偿费应属于全体村民小组所有。原告 6 人属于北仁经联社第七村民小组成员，应与本小组享有平等的权利义务。虽然原告一户在被征用地上没有承包地，但土地补偿费只能被分配给本集体组织成员，而地上附着物和青苗补偿费则针对对物的所有人和青苗的实际投入人的补偿，被补偿人可以为集体经济组织成员以外的人。被告排除原告 6 人而分配补偿费显失公平，违法法律规定。

故作出如下判决：被告北仁经联社第七村民小组支付给许美等 6 人土地补偿款应得份额 24 395 元。

第三节 法律知识运用

一、农资打假案例及分析

农资是农业生产的重要物资保障，其质量好坏直接关系到农业发展的数量、质量和效益。加强农资打假和监管工作，是发展现代农业的必然要求，是农业"转方式、调结构"的重要保障，是依法履行职责的紧迫任务。

2015 年农资打假和监管工作要坚持问题导向、依法行政、打防结合、标本兼治，进一步加大农资监管力度，严厉打击违法违规行为，健全完善长效监管机制，努力营造公平竞争的市场环境和安全放心的消费环境。一要明确工作重点。在春耕、三夏、秋冬种等重点时节，围绕农资主产区、小规模经营聚集区、区域交界处等重点区域，抓住审批、生产和销售 3 个环节，集中治理种子、农药、肥料、兽药、饲料和饲料添加剂、农机具等产品存在的突出问题，对症下药。二要突出案件查办。做好线索的排查梳理，坚持重拳出击、露头就打，深挖假劣农资制售源头，不查到水落石出决不放过。对于大案要案，要采取挂牌督办、联合办案等形式，加大案件查办力度。要查办一批大要案，端掉一批黑窝点，严惩一批违法犯罪分子，曝光一批典型案例，有效震慑不法分子。三要完善长效机制。健全规章制度，加快《种子法》《农药管理条例》等法律法规的修定步伐。不断创新监管手段，提升农资信息化监管水平。大力开展社会化服务，推动现代农资经营服务体系健康发展。四要强化社会共治。推进信用体系建设，开展农资经营企业诚信评价，建立并完善信用体系运行机制，构建行政监管、行业自律、社会监督、公众参与的农资社会治理体系。加大行政处罚案件信息公开力度，不断完善农资打假举报奖励机制。

【案例】

贵州省质监局查处贵州省安顺市普定县兴农化肥厂生产销售质量不合格复混肥料和过磷酸钙案件

2014 年 3 月 1 日，贵州省质监局接群众电话反映，该省普定县兴农化肥厂涉嫌存在跨区域生产销售劣质化肥的违法行为。该

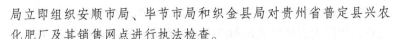

局立即组织安顺市局、毕节市局和织金县局对贵州省普定县兴农化肥厂及其销售网点进行执法检查。

执法人员检查发现，该厂生产设备老旧且锈蚀严重、化肥出厂质量检验实验室因长期未使用，布满灰尘，已不能持续保持获证生产条件。执法人员对其生产和销售的兴黔牌复混肥料和过磷酸钙进行抽样送检显示，均为严重不合格产品。经进一步调查，该厂主要以购入合格化肥后掺入工业磷渣等废料翻包直接出厂的形式生产劣质肥料。为规避监管，该厂采取见单生产，即产即销，不设中转，直入偏远村寨的方式，将劣质复混肥料和过磷酸钙销往省内毕节、安顺的多个边远乡镇农户手中。一方面该局组织基层质监部门根据该厂出厂销售记录，核实已售出化肥数量，尽力追回不合格化肥，挽回农户损失100万元；另一方面，由于违法产品数量大，涉及区域广，且不合格产品直接销售到偏远农户手中，风险较高，该局采取了吊销该厂的生产许可证，并及时将卷宗移送给公安机关立案侦查的措施。

二、农业机械事故案例及分析

随着农村经济的不断发展，农业机械化生产也得到了迅猛发展，购买农业机械的有机户越来越多，各地农机部门车的保有量呈明显上升趋势，相对而来的"黑车非驾"现象也明显增多，一些驾驶员在没有经过当地的监理部门培训，考试而私自在车辆没有办理手续的情况下进行作业。确保农机安全生产和人民的生命财产的安全也成了各地农机监理部门的首要问题，最近几年内农机道路事故给国家和人民造成了不可弥补的损失，根据数字统计，近每年发生的农机事故的车物直接经济损失和被害人的经济补偿高达十几亿元，直接影响了农业发展和农村经济建设。

为了进一步抓好农机安全生产，杜绝农机事故的发生，确保人民生命财产安全，现将在阿城辖区发生的典型事故通告全体农机户，望广大农机驾驶员和广大人民群众认真学习吸取教训，引起高度重视，引以为鉴，防止类似事故发生。

【案例】

2002 年 11 月 12 日 13 时左右，魏某找徐某帮自家打稻子，打一袋 4 元钱，徐某 2 元，帮工 2 元，徐某雇了七人到魏家打稻子，因为徐某家有事，所以是张某开车把打稻机拉到地里，是张某开的机器打了大约十多袋子时于某来的，魏某把叉子交给了于某，魏某就去缝袋子，又打了大约一个多小时左右，因为打稻机出草口处堵了，于某在取草时，袖口被齿轮咬住，致使于某右手被碾压成七级伤残。

【案例分析】

因机器所有者徐某与受害人于某双方均有条件而未报案。依据《黑龙江省农业机械事故处理规定》第 3 章第 20 条第 2 款规定，操作人员徐某是农业机械的所有者，应负这起事故的主要责任，承担经济损失的 70%，伤者于某负起事故的次要责任，承担经济损失 30%。

三、农村土地承包案例及分析

《农村土地承包法》是将土地承包经营权看作物权，并从物权保护的角度出发进行规定的。根据司法解释的规定，此类纠纷属于民事案件受案范围。因为这些纠纷都属于平等民事主体之间因财产关系产生的争议，归纳起来主要有以下几种。

（1）承包合同效力纠纷：即承包合同是否合法、有效。

（2）承包合同履行纠纷以及承包经营权的侵权纠纷：如发包方违法收回已经发包给农户的承包地；利用职权变更、解除土地

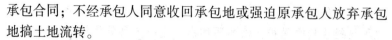

承包合同；不经承包人同意收回承包地或强迫原承包人放弃承包地搞土地流转。

（3）承包地征收补偿费用分配纠纷：在乡镇以及县级郊区的城乡交接地带，由于城市开发、城镇化、工业化与农户土地上利益的保护二者产生冲突，土地征用以及补偿和善后处理往往涉及多名承包户。

【案例】

王女是王村人，26岁嫁到赵村，在出嫁之前王村村委会分给王女承包地2.3亩，双方签订了土地承包合同。王女出嫁后一直居住在赵村，但没有在赵村承包土地。王村村委会以王女已经出嫁且已不在本村居住为由，口头通知王女她所承包的2.3亩土地已被村里按照规定收回。王女多次同王村村委会交涉，要求继续承包王村的土地，遭王村村委会拒绝。最后，王女将王村村委会告上了法庭。法院判决：王村村委会强行收回王女承包地的行为无效，该2.3亩土地由王女继续承包，并由王村村委会赔偿因此给王女造成的损失。

王女在出嫁后，尽管不在原所在的村居住，但在新的居住地并没有取得新的承包地，因此应继续承包其原承包地。被告王村村委会以原告王女已出嫁并不在本村居住为由将其2.3亩承包地收回，违反了法律规定，王村的乡规民约不能对抗国家的法律。

【案例分析】

尤其需要注意的是，享有土地承包经营权的妇女，在该土地被征用时，有权依法分得土地征用的补偿费。

妇女在土地承包中的合法权益应当依法受到保护，这是农村土地承包的重要原则和内容。《农村土地承包法》第6条规定："农村土地承包，妇女和男子享有平等的权利。承包中应当保护妇女的合法权益，任何组织和个人不得剥夺、侵害妇女应当享有的土地承包经营权。"此外，对妇女在结婚、离婚或者丧偶后土地承包经营权的保护，法律还作出了进一步具体的规定。

一是妇女结婚的，嫁入方所在村应当优先解决妇女的土地承包问题，在没有解决之前，出嫁女原籍所在地的发包方不得收回其原先承包的土地。二是妇女离婚或丧偶后，仍在原居住地生活的，其已经取得的承包地应当由离婚或丧偶妇女继续承包，发包方不得收回；不在原居住地生活的，新居住地的集体经济组织应当尽量为其解决承包土地问题，未解决前，原居住地发包方不得收回其原承包地。

四、运用法律知识应注意的问题

首先，在平常的生产生活中，处理事务一定要增强法律意识，特别是农民朋友容易忽视的说话办事多空口无凭，发生纠纷后无法证明事实。因此要记住"口说不为凭，立字才为据"真理。

其次，发生纠纷后要及时向有关组织和部门反映，求得依法解决，切不可冲动激化。

再次就是不明白的问题要咨询，免费的法律咨询电话是12348，纠纷解决的方法很多，主要方式有自行协商解决、调解解决（找中间人调解、基层调解组织调解、有关部门行政调解）、仲裁解决、诉讼解决。

纠纷解决的途径主要有：找基层组织、找相关管理的职能部门、找公检法司法部门控告、找律师或法律工作者代理、向法律援助中心求助等。

第四节　农村社会保障

我国现行的社会保障体系是伴随市场经济体制改革进程而逐

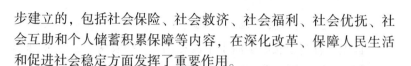

步建立的，包括社会保险、社会救济、社会福利、社会优抚、社会互助和个人储蓄积累保障等内容，在深化改革、保障人民生活和促进社会稳定方面发挥了重要作用。

一、我国农村社会保障制度内容

（一）农村社会保险

1. 概述

农村社会保险是农村社会保障的核心，是较高层次的社会保障，包括养老、医疗、失业、工伤和计划生育等许多方面。现阶段，我国农民最迫切需要的社会保险主要是养老保险和医疗保险。

2. 办理流程

参保登记：农民申请（填写参保登记表，提供身份证、户口簿原件和复印件）→村级初审→乡（镇）审查并建立参保人基本信息数据库→县农保中心审核，建立参保信息库。

保费缴纳：参保人保费每年定期存入"新农保联名卡（折)"→信用社代扣缴费→县农保中心确认到账，建立个人账户。

领取申报：发放领取通知书→农民申报（身份证、户口簿原件和复印件）→村级初审→乡（镇）审查→县农保中心核定待遇。

待遇发放：县信用社开立存折（卡）→养老金按月转入信用社代发→农民到信用社网点（或村级代办信用社服务点）领取。

关系转入：农民申请（填写参保登记表和转入申请表，提供相关材料）→转入村初审→乡（镇）审查并为转入人建立基本信息数据库→县农保中心审核→建立参保信息库和办理转入手续。

终止保险：本人、受益人或法定继承人申请（填写注销登记表，提供证明材料）→村级初审→乡（镇）审查→县农保中心核定个人账户余额→支付待遇终止养老保险关系。

3. 新型农村社会保险实行的意义

首先，有利于农民生活水平的提高。"新农保"按照基础养老金和个人账户养老金相结合的原则，实施以个人缴费、集体补助和政府补贴的缴费方法，由中央或地方政府对基础养老金给予全额补贴，在农民 60 岁的时候可以领取至少 55 元的基础养老金，并按照渐进原则，逐步提高其待遇水平。尽管现阶段的保障水平较低，但相比之前的"老农保"已有很大进步，成功向社会养老迈进，在一定程度上减轻了子女的经济负担，使农民养老无后顾之忧，增加其消费能力，提高了农民的生活质量，为其老年生活提供了保障。

其次，有利于破解城乡二元的经济和社会结构。长期以来，我国实施以农业促工业，以农村支持城市的发展策略，加之城市居民有包括养老、医疗等较为全面的社会保障体系，而农村居民在此方面的保障却极低或处于空缺状态的现实更加剧了我国城乡发展的二元化，城乡差距越来越大。从城市居民和农村居民人均可支配收入的角度看，1978 年的收入比例为 2.57∶1，此后成迅速扩大趋势，到 2008 年收入差距比例上升为为 3.31∶1，若再考虑城镇居民的各种社会保障、福利和津贴的话，城乡差距会更大。通过对农村居民推行普惠制的养老保险和之前的"新农合"双管齐下，有助于减轻农民的生活负担，缩小城乡之间的社会保障水平，也有助于将来实现城乡统一保障体系的链接，从而有益于加快农村劳动力的正常流动，扩大农民的就业渠道，增加非农收入，减小城乡居民的收入剪刀差，加快我国的城镇化进程，进而实现城乡统一发展的社会经济目标。

最后，有利于扩大内需和国民经济发展。目前我国的收入分配体系很不合理，资本主要流向政府和企业，工人和农民的收入普遍偏低。2001 年以来我国 GDP 平均以 8% 的速度增长，而人均收入增长却远低于经济增长，收入低的现实难以产生与产品生产相符合的国内需求。因此，我国经济的发展不得不依存于外部需求，为扩大竞争优势，往往通过降低工人工资、延长工作时间等手段，从而形成一种经济发展的恶性循环。面对 2008 年的金融危机，世界经济低迷、外部需求迅速下降的情况，扩大内需成为解决我国产品供应过剩问题的首要途径。我国 4/5 的人口生活在农村，他们的生活需求潜力是巨大的，由于他们的社会保障水平低，对未来的不确定预期（养老、医疗、教育等）较大，极大地削弱了他们的消费能力。通过新农保的这一民生政策的实施，实际上就是增加了农民的收入水平，无疑会有助于降低他们对未来养老的担忧，增加消费，进而通过经济学中的乘数效应，促进我国经济的持续发展，实现真正意义上的富民强国。

【案例】

实例分析：赣州市章贡区的孙先生咨询：我母亲农村户口，今年 54 岁。想问我该如何为我母亲投保农村社会养老保险？要交多少钱？每个月可以拿到多少养老金？

【案例分析】

年满 16 周岁的城乡居民每年最低只要缴 100 元就可参加城乡居民养老保险，进入社会保险保障范围，缴费分 100～500 元共 5 个档次，可自主选择。城乡居民社会养老保险待遇由基础养老金和个人账户养老金两部分组成。个人账户养老金月领取标准为个人账户全部储存额除以 139，再加上基础养老金（55 元/月）。缴费年限超过 15 年的，在规定基础养老金的基础上每超过一年，每月增加 1 元基础养老金。参保人员距领取年龄不足 15 年的，应按年缴费，也允许补缴，累计缴费不超过 15 年，补缴部分可按规定享受政府补贴；距领取年龄超过 15 年的，应按年缴费，累计缴费不少于 15 年。参保人员社会养老保险待遇实行社会化发放。农保经办机构为符合条件的人员核发社会保障卡和办理存折，参保人员凭卡（折）就近到银行领取。

（二）农村社会救助

1. 概述

农村社会救助制度是国家及各种社会群体运用掌握的资金、实物、服务等手段，通过一定机构和专业人员，向农村中无生活来源、丧失工作能力者，向生活在"贫困线"或最低生活标准以下的个人和家庭，向农村中一时遭受严重自然灾害和不幸事故的遇难者，实施的一种社会保障制度，以使受救助者能继续生存下去。农村社会救助制度包括农村社会互助和农村社会救济两个方面。农村社会救济的对象主要是五保户、贫困户、残疾人以及其他困难群众。

社会救助的划分是多角度的，根据不同的划分依据和出发点可以做出不同的内容划分。目前，较为通行的划分标准是以致贫原因为标准，因为现实生活中的贫困现象往往决定了社会救助的内容。根据导致农村贫困现象的原因，《中华人民共和国国民经济和社会发展第十一个五年规划纲要》第二篇中将农村"五保"供养、特困户生活补助、灾民救助视为农村社会救助体系的3个主要内容。

2. 办理流程

第一步：申请。由本人向村委会（或村民小组）提出书面申请或由村民小组向村委会提名。

第二步：审查。村民委员会接到村民的申请或村民小组的提名后，要派人对申请人的情况进行资格调查，审核其是否符合条件，特别是申请人有法定扶养义务人的，要对法定扶养义务人进行能力调查，并经村民代表大会通过后，上报乡、镇人民政府。

第三步：批准。乡镇人民政府根据村上报的情况予以审批，并对社会救助对象所需粮款作出预算，列入下年度统筹规划。乡镇政府批准社会救助的对象后，要按照规定填写并发给《社会救助供养证书》，并在《证书》上盖章。

3. 新型农村社会保险实行的意义

（1）改善农民生活条件。

（2）保持农村稳定局面。

（3）促进农村经济发展。

【案例】

无钱治病无奈弃婴

26 岁的顾林系安徽某地农民，小学文化程度。2009 年 10 月 22 日，顾林的妻子生下一男婴。这本是一桩喜事，但夫妇俩却发现婴儿无法进食。

"孩子出生之后，什么东西都吃不下去。我带他到县医院检查，县医院让我转到大医院，于是我就带着孩子来到了安徽省知名医院检查，发现孩子患有先天性食道闭锁、新生儿黄疸、吸入性肺炎。医生说孩子太小了，让我们到北京给孩子看病。"顾林说。

无奈之下，10 月 27 日，顾林带着刚出生不久的孩子来到了北京的一家医院。

"我们当时就办了住院手续，第二天的时候因为手上没有钱，我们就申请办了出院手续。"顾林说。

据顾林描述，他从医院那里得到的说法是，治疗孩子的病需要 10 万块钱左右，而且由于孩子的病比较罕见有可能治不好，最后得到的结果也许是"人财两空"。

从医院出来后，顾林陷入了绝望。

"之前为了给孩子治病已经借了很多外债。本来说带孩子回家，但是走到半道觉得孩子回家也是等死，就琢磨着想把孩子放到路边，希望好心人能够将他收养并且出钱给他治病。"顾林说。

10 月 28 日下午，顾林经历了他一生中最受煎熬的时刻。他抱着自己的孩子在北京的大街上四处游走，几次放下又几次抱起，眼看着天就要黑了，顾林一咬牙将孩子放到了东单体育场附近的公交车站，并将透视片和病历放在孩子身下。

在放下孩子之后，顾林便站在马路对面观察，在看到一名妇女抱起了孩子，并且有警察过去了之后，顾林便乘车返回了老家。

然而，孩子虽然被送往了北京一家专门收治弃婴的医院，但3天后，这个被抛弃的孩子经抢救无效，最终没能逃脱死亡的命运。

回到老家的顾林终日以泪洗面，数天之后，难耐良心折磨的他重返北京，向北京市公安机关投案自首。

北京市东城区人民法院对此案审理后认为，顾林对年幼患病且无独立生活能力的亲生子，负有抚养义务而拒绝抚养且最终致其死亡，已构成遗弃罪，鉴于其有自首情节，认罪态度较好，案发前亦已积极为其患病之亲生子进行医治，其最终选择遗弃亲生子在一定程度上亦属无奈，法院以遗弃罪判处被告人顾林拘役5个月。

此案的主审法官告诉记者，对于顾林的判罚是较轻的，如果是将健康的婴儿或是仅有微小病况的婴儿遗弃，在量刑上要重得多。

【案例分析】

针对近年来弃婴增多的趋势，一家儿童福利院的院长告诉记者，当前弃婴的构成以先天残疾婴儿和女婴为主，主要来自两个渠道：一是计划外生育的非婚生子；二是计划内生育的残疾婴儿和女婴。

透过顾林一案，似可窥见当前引发弃婴问题的一些社会弊端。

中国青少年研究中心青少年法律研究所鞠所长认为，当前靠社会道德的力量难以唤醒失去良知的父母，必须借助法律的力量。对于因遗弃行为使未成年人重伤、死亡或生活无着流离失所，走投无路的，应当依法追究监护人的刑事责任。

但也有不少人对弃婴者持同情态度。一家医院的工作人员即向记者表示，"有办法的话，有谁愿意扔掉自己的孩子呢？贫困人群的处境本来就很艰难，当面对'突如其来'的孩子或无法承受的医疗'包袱'时，往往会选择弃婴。"

记者在采访中了解到，最开始收治顾林弃婴的医院虽然向顾林说出了"人财两空"的话，但在接受公安机关询问时却表示，顾林弃婴所犯的病是可以治好的，费用只需要两三万块钱。

顾林案件的主审法官指出，针对弃婴问题应该进一步加强社会救助体系的建设，"如果有钱治病，顾林是不会遗弃自己的孩子的"。

（三）农村社会福利

1. 概述

我国的农村社会福利是指为农村特殊对象和社区居民提供除社会救济和社会保险外的保障措施与公益性事业，其主要任务是保障孤、寡、老、弱、病、残者的基本生活，同时对这些特困群体提供生活方面的上门服务，并开展娱乐、康复等活动，逐步提高其生活水平。

2. 五保户的办理流程

第一步：由申请人自愿向村委会提出书面申请，填写申请表。

第二步：村委会召开村民代表会对申请人进行审查。

第三步：村委会对审查符合条件的申请表送镇民政科审批。

第四步：镇民政科对申请人进行审批。

第五步：村委会与申请人签订五保供养协议，由镇民政科发给《五保户供养证》。

第六步：从签订供养协议后，根据各村委会的实际情况和五保户的个人意愿，实行集中或分散供养。

3. 农村社会福利的意义

（1）解决农业、农民、农村问题。

（2）建立健全农村社会福利体系。

（3）对农村经济的辐射作用。

（4）使传统农民的身份、收入结构发生很大变化。

【案例】

2013 年 1 月 4 日清晨 8 时许，河南兰考县一收养孤儿和弃婴的私人场所发生火灾，"爱心妈妈"袁厉害收养的孩童中 7 人不幸丧生。当天上午，消防人员赶赴现场进行全力抢险，经现场清理，事故造成 4 人死亡，3 人在送医途中抢救无效死亡，1 人正在抢救中。起火地点为兰考人袁厉害家，多名儿童在火灾中伤亡。据悉，袁厉害多年来一直在兰考县人民医院门口摆摊卖东西，以收养弃婴和孤儿出名，其安置孤儿和弃婴的地方紧邻兰考县卫生局和兰考县人民医院。袁厉害如今共收养有 34 名弃婴，与其共同生活的有 18 名，其余 16 名是谁在抚养，还需要调查了解。这 18 名弃婴中有 6 名在上小学，2 名上培训班，2 名被人抱出去玩了，剩下 8 名在袁厉害家中遇到火灾，其中有 7 名遇难，1 名被烧伤送往医院救治。

【案例分析】

我国儿童福利覆盖范围狭窄，社会救助不到位，这可能是主要的问题。社会制度的变迁、家庭结构的破裂、人口结构的深刻变化等因素导致了问题儿童的增多。主要表现为孤残儿童、单亲家庭儿童、流浪儿童、大病儿童等。基本权利难以保障是这些困境儿童群体最具代表性的特征。联合国《儿童权利公约》第 26 条提到："缔约国应确认每个儿童有权受益于社会保障、包括社会保险，并应根据其国内法律采取必要措施充分实现这一权利。"

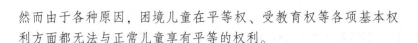

然而由于各种原因，困境儿童在平等权、受教育权等各项基本权利方面都无法与正常儿童享有平等的权利。

（四）农村社会优抚

1. 概述

农村社会优抚是指国家和社会对农村中军人及其家属所提供的各种优待、抚恤、养老、就业安置等待遇和服务的保障制度。农村抚恤对象包括农村中服现役或者退出现役的残疾军人以及烈士遗属、因公牺牲军人遗属、病故军人遗属等；农村优待对象包括农村中现役军人军属和在乡老红军、老复员退伍军人等；农村安置对象包括农村中退伍义务兵、退伍志愿兵、复员干部、转业干部、离退休干部等。

2. 申请流程

根据国务院、中央军委有关通知精神和民政部有关进一步加强和规范优待安置工作通知要求，民政部在全国实行《优待安置证》制度，以切实维护士兵的合法权益。

《优待安置证》由民政部根据国务院、中央军委当年下达各地的征集任务，统一编号印制。《优待安置证》根据区域和户口性质，分别冠以省、自治区、直辖市简称以及"农字"与"非农字"字样。《优待安置证》分存根和证书两联，存根和证书之间加盖民政部印章，证书加盖县（市、区）民政部门印章。任何单位和个人不得翻印、复印和仿制。根据有关规定，民政部按照各省、自治区、直辖市当年的征兵任务数逐级下发到县（市、区）民政部门。并视情况加发少量的备用数，以备填错、损坏时更换。备用数由省、自治区、直辖市民政部门直接掌握，原则上不下发；县（市、区）定兵后，当地民政部门要依据兵役机关提供的《入伍批准书》存根和《入伍通知书》登记名单以及入伍青年的《入伍通知书》和户口本，及时将《优待安置证》发到士兵家长手中。《优待安置证》存根由民政部门留存，证书由士兵家长自存。这项工作结束后，各级民政部门要将当年《优待安置证》的发放情况登记造册，并逐级上报到省、自治区、直辖市民政部门。

《优待安置证》遗失的，领取人要及时向当地民政部门提出申请并上报，再由省民政部门汇总后统一上报民政部。士兵退役后，凭《优待安置证》到民政部门报到，经核对无误后，方可办理安置手续，同时将《优待安置证》收回，并加盖"已安置"字样，存档备查 2002 年 10 月，民政部《关于认真贯彻国务院、中央军委〈征兵命令〉和〈退伍通知〉要求，进一步加强和规范优待安置工作的通知》第 2 条第 3 项指出："……民政部决定从今年冬季征兵开始，在全国统一实行《优待安置证》制度。《优待安置证》是义务兵及其家属、复员士官享受现行优待安置政策的合法凭证。没有《优待安置证》的，一律不享受各级政府规定的优待安置政策。《优待安置证》由民政部根据国务院、中央军委每年下达的全国'非农'户口与'农业'户口青年的征集比例和数量，统一编号制发。对非农业户口青年占用农业户口指标入伍和非户口所在地入伍的青年（全日制在校大学生除外），一律不发给《优待安置证》。"

3. 农村社会优抚和安置

主要包括 3 个方面的内容。

第一，抚恤制度。这一制度是指国家对农村中因公伤残军人、因公牺牲以及病故军人家属所采取的伤残抚恤和死亡抚恤。农村伤残抚恤指对农村按规定确定为革命伤残人员的，给予一定的物质帮助。死亡抚恤指对农村中现役军人死亡后被确认为因公牺牲或者病故烈士的遗属发放一次性抚恤金或定期抚恤金。第二，优待制度。这一制度是指国家和社会按照立法规定和社会习俗对优待对象提供资金和服务的优待性保障制度。第三，退役安置。这是指国家和社会为农村中退出现役的军人提供资金和服务，以帮助其重新就业的一项优抚保障制度。

【案例】

农民工的社会保障该走哪条路？

自1991年以来，进城务工的农民工的数量一直在增加，到2002年，农村外出务工的人数达到9 400万。按现有的耕作水平计算，农村仍有1.5亿劳动力富余。如此庞大的剩余劳动力，他们的就业、生活在激烈市场竞争的环境中，随时可能落入"无工作、无收入、无保障"的"三无"境地，给社会的稳定带来极大的隐患，也成为制约我国社会经济可持续发展的瓶颈。诚然，针对以上的境况，我们需要尽快建立农民工社会保障体系，保障农民工的合法权益，维护社会的稳定。可是如何构建农民工社会保障制度，目前，大体有3种建议，其差异主要在于对农民工身份的认定上。

第一种是将农民工纳入到城镇社会保障制度内，他们认为农民工是现代化城市建设的一份子，理应像千万城镇职工一样，拥有同样平等的社会保障权利，这也是维护农民工合法权益的途径之一。

第二种是建立一个单独的农民工社会保障制度，独立于城镇社会保障制度和农村社会保障制度而存在。这种建议的拥护者认为，把农民工纳入城镇社会保障体系可能会给正在推行的城镇社会保障制度改革造成更大的混乱，并且给城镇的劳动力就业市场带来压力，在操作层面上也不具有可行性，针对农民工身份的特殊性和可流动性，应另起炉灶，建立一套新制度。

第三种是仍将农民工作为农村社会保障制度的对象。建议者认为如果把农民工纳入城镇社会保障体系则是对已显可怕的巨大民工潮流涌入城镇的鼓励，到时候乡镇企业的吸收力会更加不足，社会主义新农村的建设也会面临僵局。而设计新的单独的农民工社会保障制度，可能造成的一个后果是对农村社会保障制度建设的继续漠视。所以不如将农民工继续作为农村社会保障的对象，进一步完善农村的社会保障制度。在学术界，就农民工的社会保障制度应该走哪条路的问题，一些专家学者也提出了新创意。郑功成建议对农民工实行分层分类保障，即首先建立农民工的工伤保险制度；其次建立大病或疾病住院保障机制；然后再考虑建立农民工社会救援制度。李迎生提出建立面向各企业雇佣的农民工和无雇主雇佣、从事个体经营或自谋职业的农民的社会保障制度，项目有养老、医疗、失业、工作、生育、死亡、遗属、最低生活保障等。而实践部门也开始初步建立农民工社会保障体制，如北京出台了《农民工养老保险暂行办法》，成都市也颁布了《成都市非城镇户籍从业人员综合社会保险暂行办法》。在农民工社会保障制度构建上，以上几种方案各有所长。当然无论采取何种形式，其根本目标必须定位于给予农民工强有力的制度保障，保障其基本的生活需要和其他需要（如治病、工伤康复）等。这就需要从现有制度的改革和调整入手，强化法制的原则、强化政府的监管职能、以从根本上保障农民工的基本权益。

二、作用

（1）有利于改善低收入农民的生产生活自立条件，激发勤劳致富的积极性。

（2）有利于解决广大农民的后顾之忧，增强党群、干群凝聚力，为社会主义新农村建设增添动力。

（3）有利于化解各种利益矛盾，促进农村又好又快发展，加快全面建设小康社会进程。

第五节　涉农政策

一、中华人民共和国农业部发布政策50条

1. 种粮直补政策

中央财政继续实行种粮农民直接补贴，安排补贴资金140.5亿元，资金原则上要求发放给从事粮食生产的农民，具体由各省

级人民政府根据实际情况确定。

2. 农资综合补贴政策

中央财政继续实行种粮农民农资综合补贴，补贴资金按照动态调整制度，根据化肥、柴油等农资价格变动，遵循"价补统筹、动态调整、只增不减"的原则及时安排和增加补贴资金，合理弥补种粮农民增加的农业生产资料成本。2014 年 10 月，中央财政已向各省（区、市）预拨 2015 年种农资综合补贴资金 1 071 亿元。

3. 良种补贴政策

中央财政安排农作物良种补贴资金 203.5 亿元，对水稻、小麦、玉米、棉花、东北和内蒙古的大豆、长江流域 10 个省（市）和河南信阳、陕西汉中和安康地区的冬油菜、藏区青稞实行全覆盖，并对马铃薯和花生在主产区开展补贴试点。小麦、玉米、大豆、油菜、青稞每亩补贴 10 元。其中，新疆地区的小麦良种补贴 15 元；水稻、棉花每亩补贴 15 元；马铃薯一、二级种薯每亩补贴 100 元；花生良种繁育每亩补贴 50 元、大田生产每亩补贴 10 元。水稻、玉米、油菜补贴采取现金直接补贴方式，小麦、大豆、棉花可采取现金直接补贴或差价购种补贴方式，具体由各省（区、市）按照简单便民的原则自行确定。

4. 农机购置补贴政策

农机购置补贴政策在全国所有农牧业县（场）范围内实施，补贴对象为直接从事农业生产的个人和农业生产经营组织，补贴机具种类为 11 大类 43 个小类 137 个品目。中央财政农机购置补贴资金实行定额补贴，即同一种类、同一档次农业机械原则上在省域内实行统一的补贴标准，不允许对省内外企业生产的同类产品实行差别对待。一般机具的中央财政资金单机补贴额不超过 5 万元；挤奶机械、烘干机单机补贴额不超过 12 万元；100 马力以上大型拖拉机、高性能青饲料收获机、大型免耕播种机、大型联合收割机、水稻大型浸种催芽程控设备单机补贴额不超过 15 万元；200 马力以上拖拉机单机补贴额不超过 25 万元；大型甘蔗收获机单机补贴额不超过 40 万元；大型棉花采摘机单机补贴额不超过 60 万元。

纳入《全国农机深松整地作业实施规划》的省份可结合实际，在农机购置补贴资金中安排补助资金（不超过补贴资金总量的 15%）用于在适宜地区实行农机深松整地作业补助。鼓励有条件的农机大户、农机合作社等农机服务组织承担作业补助任务，开展跨区深松整地作业等社会化服务。

5. 农机报废更新补贴试点政策

在河北、山西、黑龙江、江苏、浙江、安徽、江西、山东、河南、湖北、湖南、广西壮族自治区（以下简称广西）、陕西、甘肃、新疆维吾尔自治区（以下简称新疆）、宁波、青岛开展农机报废更新补贴试点工作。农机报废更新补贴与农机购置补贴相衔接，同步实施。报废机具种类是已在农业机械安全监理机构登记，并达到报废标准或超过报废年限的拖拉机和联合收割机。农机报废更新补贴标准按报废拖拉机、联合收割机的机型和类别确定，拖拉机根据马力段的不同补贴额从 500 元到 1.1 万元不等，联合收割机根据喂入量（或收割行数）的不同分为 3 000 元到 1.8 万元不等。

6. 新增补贴向粮食等重要农产品、新型农业经营主体、主产区倾斜政策

适时调整完善补贴政策，安排支持粮食适度规模经营资金共 234 亿元，用于支持粮食适度规模经营，重点向专业大户、家庭农场和农民合作社倾斜。

7. 小麦、水稻最低收购价政策

为保护农民利益，防止"谷贱伤农"，国家继续在粮食主产区实行最低收购价政策，小麦（三等）最低收购价格每 50 千克

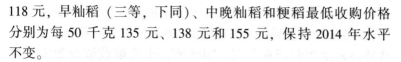

118元，早籼稻（三等，下同）、中晚籼稻和粳稻最低收购价格分别为每50千克135元、138元和155元，保持2014年水平不变。

8. 产粮（油）大县奖励政策

为改善和增强产粮大县财力状况，调动地方政府重农抓粮的积极性，2005年中央财政出台了产粮大县奖励政策。2014年，中央财政安排产粮（油）大县奖励资金351亿元，具体奖励办法是依据近年全国各县级行政单位粮食生产情况，测算奖励到县。对常规产粮大县，主要依据2006—2010年五年平均粮食产量大于2亿千克，且商品量（扣除口粮、饲料粮、种子用粮测算）大于1 000万斤来确定；对虽未达到上述标准，但在主产区产量或商品量列前15位，非主产区列前5位的县也可纳入奖励；上述两项标准外，每个省份还可以确定1个生产潜力大、对地区粮食安全贡献突出的县纳入奖励范围。在常规产粮大县奖励基础上，中央财政对2006—2010年五年平均粮食产量或商品量分别列全国前100名的产粮大县，作为超级产粮大县给予重点奖励。奖励资金继续采用因素法分配，粮食商品量、产量和播种面积权重分别为60%、20%、20%，常规产粮大县奖励资金与省级财力状况挂钩，不同地区采用不同的奖励系数，产粮大县奖励资金由中央财政测算分配到县，常规产粮大县奖励标准为500万~8 000万元，奖励资金作为一般性转移支付，由县级人民政府统筹使用，超级产粮大县奖励资金用于扶持粮食生产和产业发展。在奖励产粮大县的同时，中央财政对13个粮食主产区的前5位超级产粮大省给予重点奖励，其余给予适当奖励，奖励资金由省级财政用于支持本省粮食生产和产业发展。

产油大县奖励由省级人民政府按照"突出重点品种、奖励重点县（市）"的原则确定，中央财政根据2008—2010年分省分品种油料（含油料作物、大豆、棉籽、油茶籽）产量及折油脂比率，测算各省（区、市）三年平均油脂产量，作为奖励因素；油菜籽增加奖励系数 20%，大豆已纳入产粮大县奖励的继续予以奖励；入围县享受奖励资金不得低于 100 万元，奖励资金全部用于扶持油料生产和产业发展。2015 年，中央财政继续加大产粮（油）大县奖励力度。

9. 生猪大县奖励政策

为调动地方政府发展生猪养殖积极性，2014 年中央财政安排奖励资金 35 亿元，专项用于发展生猪生产，具体包括规模化生猪养殖户（场）圈舍改造、良种引进、粪污处理的支出，以及保险保费补助、贷款贴息、防疫服务费用支出等。奖励资金按照"引导生产、多调多奖、直拨到县、专项使用"的原则，依据生猪调出量、出栏量和存栏量权重分别为 50%、25%、25% 进行测算。2015 年中央财政继续实施生猪调出大县奖励。

10. 农产品目标价格政策

为探索推进农产品价格形成机制与政府补贴脱钩的改革，逐步建立农产品目标价格制度，切实保证农民收益，国家启动了东北和内蒙古大豆、新疆棉花目标价格改革试点，积极探索粮食、生猪等农产品目标价格保险试点，开展粮食生产规模经营主体营销贷款试点。2015 年国家继续实施并不断完善相关政策，新疆棉花目标价格水平为每吨 19 100 元。

11. 农业防灾减灾稳产增产关键技术补助政策

中央财政安排农业防灾减灾稳产增产关键技术补助资金，在主产省实现了小麦"一喷三防"全覆盖，在西北实施地膜覆盖等旱作农业技术补助，在东北秋粮和南方水稻实行综合施肥促早熟补助，对南方台风和洪涝灾害安排了恢复农业生产补助，大力推广农作物病虫害专业化统防统治，对于预防区域性自然灾害、及时挽回灾害损失发挥了重要作用。2014 年建立了地方先救灾中央后补助的救灾机制，2015 年中央财政继续按照这个机制引导地方主动救灾。

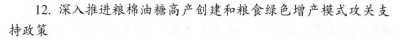

12. 深入推进粮棉油糖高产创建和粮食绿色增产模式攻关支持政策

中央财政继续安排 20 亿元专项资金支持开展粮棉油糖高产创建和粮食绿色增产模式攻关。在建设好高产创建万亩示范片的基础上，突出抓好 5 个市（地）、50 个县（市、区）、500 个乡（镇）高产创建整建制推进试点。同时，在 60 个县开展粮食绿色增产模式攻关试点。为提升创建水平、提高资金使用效率，各地可根据实际情况对补助标准、不同作物间的示范片数量和承担试点任务的市县进行适当调整。严格实行项目轮换制，对连续 3 年承担高产创建任务的示范片，要变更实施地点。鼓励开展不同层次的高产创建，探索在不同地力水平、不同生产条件、不同单产水平地块，同步开展高产创建和绿色增产模式攻关，原则上中低产田高产创建示范片数量占总数的 1/3 左右。通过项目实施，试点试验、集成推广一批区域性、标准化高产高效技术模式，带动实现低产变中产、中产变高产、高产可持续，进一步提升我国粮棉油糖综合生产能力。

13. 菜果茶标准化创建支持政策

继续开展园艺作物标准园创建，在蔬菜、水果、茶叶专业村实施集中连片推进，实现由"园"到"区"的拓展。特别是要把标准园创建和老果茶园改造有机结合，与农业综合开发、植保专业化统防统治、测土配方施肥等项目实施紧密结合，打造一批规模化种植、标准化生产、商品化处理、品牌化销售和产业化经营的高标准、高水平的蔬菜、水果、茶叶标准园和标准化示范区。

为实现蔬菜周年均衡供应，重点抓好"三提高"：一是提高蔬菜生产能力，继续抓好北方城市设施蔬菜生产，积极争取扩大试点规模，提供可复制的技术模式，提高资源利用率及北方冬春蔬菜自给能力；二是提高蔬菜生产科技水平，加快推广一批高产、优质、多抗的蔬菜新品种，重点选育推广适合设施栽培的茄果类新品种，蔬菜标准园创建以集成示范推广区域性、标准化的栽培技术为重点，提高蔬菜生产的科技水平；三是提高蔬菜生产的组织化水平。2015年，在菜果茶标准化创建项目的资金安排上，加大对种植大户、专业化合作社和龙头企业发展标准化生产的支持力度，推进蔬菜生产的标准化、规模化、产业化。

14. 测土配方施肥补助政策

中央财政继续投入资金 7 亿元，深入推进测土配方施肥，免费为 1.9 亿农户提供测土配方施肥技术服务，推广测土配方施肥技术 15 亿亩以上。在项目实施上因地制宜统筹安排取土化验、田间试验，不断完善粮食作物科学施肥技术体系，扩大经济园艺作物测土配方施肥实施范围，逐步建立经济园艺作物科学施肥技术体系。加大农企合作力度，推动配方肥进村入户到田，探索种粮大户、家庭农场、专业合作社等新型经营主体配方肥使用补贴试点，支持专业化、社会化配方施肥服务组织发展，应用信息化手段开展施肥技术服务。

15. 化肥、农药零增长支持政策

为支持使用高效肥和低残留农药，从 2014 年开始，中央财政安排高效缓释肥集成模式示范项目资金 300 万元，在黑龙江、吉林、河南、甘肃和山东 5 个省重点推广玉米种肥同播一次性施用高效缓释肥料技术模式和地膜春玉米覆盖栽培底施高效缓释肥料技术模式。从 2011 年开始，国家启动了低毒生物农药示范补贴试点，2015 年财政专项安排 996 万元，继续在北京等 17 个省（市）的 42 个蔬菜、水果、茶叶等园艺作物生产大县开展低毒生物农药示范补助试点，补助农民因采用低毒生物农药而增加的用药支出，鼓励和带动低毒生物农药的推广应用。

16. 耕地保护与质量提升补助政策

从 2014 年起，"土壤有机质提升项目"改为"耕地保护与质量提升项目"。2015 年中央财政安排 8 亿元资金，鼓励和支持种粮大户、家庭农场等新型农业经营主体及农民还田秸秆，加强绿肥种植，增施有机肥，改良土壤，培肥地力，促进有机肥资源转化利用，改善农村生态环境，提升耕地质量。一是全面推广秸秆还田综合技术。在南方稻作区，主要解决早稻秸秆还田影响晚稻插秧抢种的问题。在华北地区，主要解决玉米秸秆量大，机械粉碎还田后影响下茬作物生长、农民又将粉碎的秸秆搂到地头焚烧的问题。根据不同区域特点，推广应用不同秸秆还田技术模式。二是加大地力培肥综合配套技术应用力度。集成秸秆还田、增施有机肥、种植肥田作物、施用土壤调理剂等地力培肥综合配套技术，在开展补充耕地质量验收评定试点工作和建设高标准农田面积大、补充耕地数量多的省份大力推广应用。三是加强绿肥种植示范区建设。主要在冬闲田、秋闲田较多，种植绿肥不影响粮食和主要经济作物发展的地区，设立绿肥种植示范区，带动当地农民恢复绿肥种植，培肥地力，改良土壤。

2015 年，在东北四省区（包括内蒙古东部）开展黑土地保护试点工作，选取试点县，综合集成技术模式，加大投入，创新机制，着力改善黑土设施条件，全面提升黑土地质量，促进粮食和农业持续稳定发展。

17. 设施农用地支持政策

为进一步支持设施农业健康发展，2014 年，国家印发了《关于进一步支持设施农业健康发展的通知》，进一步完善了现行的设施农用地政策。一是将规模化粮食生产所必需的配套设施用地纳入"设施农用地"管理。农业专业大户、家庭农场、农民合作社、农业企业等从事规模化粮食生产所必需的配套设施用地，包括晾晒场、粮食烘干设施、粮食和农资临时存放场所、大型农机具临时存放场所等设施用地，按照农用地管理，不需要办理农用地转用审批手续。二是细化了设施农用地管理的要求。生产设施、附属设施、配套设施用地占用耕地的，不需要补充耕地，鼓励采取耕作层剥离等技术措施保护耕地，签订土地复垦协议，替代在实践中很难做到的"占一补一"要求。平原地区规模化粮食生产配套设施建设，选址确实难以避开基本农田的，允许经论证后占用基本农田，并按质保量补划。鼓励地方政府统一建设公用设施，提高农用设施利用效率，集约节约用地。增加非农建设占用设施农用地时，应依法办理农用地转用和落实耕地占补平衡义务。国有农场的农业设施建设与用地，由省级国土资源部门会同农业部门及有关部门根据文件精神，另行制定具体实施办法。三是将设施农用地管理制度由"审核制"改为"备案制"。按照国务院清理行政审批的整体要求，将设施农用地管理由审核制改为备案制，在简化设施农用地审批程序的同时，要求乡镇、县级人民政府和国土、农业部门依据职责依法加强监督管理，并将设施农用地管理情况纳入省级政府耕地保护责任目标考核，落实共同监管责任。

18. 推进现代种业发展支持政策

国家继续推进种业体制改革，强化种业政策支持，促进现代种业发展。一是实施中央财政对国家制种大县（含海南南繁科研育种大县）奖励政策，采取择优滚动支持的方式加大奖补力度，将主要粮食作物制种保险纳入财政保费补贴目录，支持制种产业发展。二是继续开展新品种展示示范，在国家粮棉油主产区140个大县建立新品种展示示范点，开展现场观摩活动和技术培训，为农民选择优良品种、选用先进栽培技术提供指导和服务。三是继续组织开展打击侵犯品种权和制售假劣种子行为专项行动，保护农民和品种权人利益。四是发布种子供需和价格信息，落实国家救灾备荒种子储备任务5 000万千克，帮助受灾地区生产自救，确保农业生产用种安全。五是推进国家玉米、大豆良种重大科研攻关，实施品种审定绿色通道，组织第三次种质资源全国普查，尽快培育和推广突破性品种。六是推动科研资源、人才向企业流动。在中国农业科学院和中国农业大学等科研机构开展种业成果权益比例改革试点，推动成果赋权和公开交易转化，激发科技人员创新活力。鼓励事业单位种业骨干科技人员到优势种子企业开展技术服务。

19. 农产品追溯体系建设支持政策

为保障农产品质量安全，近年来国家不断加快农产品质量安全追溯体系建设，构建农产品生产、收购、贮藏、运输等各个节点信息的互联互通，实现农产品从生产源头到产品上市前的全程质量追溯。2015 年及今后一段时期，将重点加快制定质量追溯制度、管理规范和技术标准，推动国家追溯信息平台建设，进一步健全农产品质量安全可追溯体系。同时，加大农产品质量安全追溯体系建设投入，不断完善基层可追溯体系运行所需的装备条件，强化基层信息采集、监督抽查、检验检测、执法监管、宣传培训等能力建设。按照先试点再全面推进的原则，对"三品一标"获证主体及产品先行试点，在总结试点经验的基础上，逐步实现覆盖我国主要农产品质量安全的可追溯管理目标。

20. 农产品质量安全县创建支持政策

国家启动了农产品质量安全县创建活动，按照落实属地责任、加强全程监管、强化能力提升、推进社会共治的原则，把创建活动重点集中于"菜篮子"产品主产县。从 2015 年开始，中央财政安排 8 000 万元财政补助资金，支持农产品质量安全县创建活动，补助资金重点用于制度创设、模式总结探索、人员培训等。

21. 畜牧良种补贴政策

国家实施畜牧良种补贴政策。2014 年投入畜牧良种补贴资金 12 亿元，主要用于对项目省养殖场（户）购买优质种猪（牛）精液或者种公羊、牦牛种公牛给予价格补贴。生猪良种补贴标准为每头能繁母猪 40 元；奶牛良种补贴标准为荷斯坦牛、娟姗牛、奶水牛每头能繁母牛 30 元，其他品种每头能繁母牛 20 元；肉牛良种补贴标准为每头能繁母牛 10 元；羊良种补贴标准为每只种公羊 800 元；牦牛种公牛补贴标准为每头种公牛 2 000 元。2015

年国家继续实施畜牧良种补贴政策，并探索开展优质荷斯坦种用胚胎引进补贴试点，每枚补贴标准 5 000 元。

22. 畜牧标准化规模养殖支持政策

中央财政共投入资金 38 亿元支持发展畜禽标准化规模养殖。其中，中央财政安排 25 亿元支持生猪标准化规模养殖小区（场）建设，安排 10 亿元支持奶牛标准化规模养殖小区（场）建设，安排 3 亿元支持内蒙古自治区、四川、西藏自治区、甘肃、青海、宁夏回族自治区、新疆以及新疆生产建设兵团肉牛肉羊标准化规模养殖场（小区）建设。支持资金主要用于养殖场（小区）水电路改造、粪污处理、防疫、挤奶、质量检测等配套设施建设等。2015 年国家继续支持畜禽标准化规模养殖，但因政策资金调整优化等原因，暂停支持生猪标准化规模养殖场（小区）建设一年。

23. 动物防疫补贴政策

我国动物防疫补助政策主要包括以下 5 个方面：一是重大动物疫病强制免疫疫苗补助政策，国家对高致病性禽流感、口蹄疫、高致病性猪蓝耳病、猪瘟、小反刍兽疫等动物疫病实行强制免疫政策；强制免疫疫苗由省级政府组织招标采购；疫苗经费由中央财政和地方财政共同按比例分担，养殖场（户）无需支付强制免疫疫苗费用。二是畜禽疫病扑杀补助政策，国家对高致病性禽流感、口蹄疫、高致病性猪蓝耳病、小反刍兽疫发病动物及同群动物和布病、结核病阳性奶牛实施强制扑杀。国家对因上述疫病扑杀畜禽给养殖者造成的损失予以补助，强制扑杀补助经费由中央财政、地方财政和养殖场（户）按比例承担。三是基层动物防疫工作补助政策，补助经费主要用于对村级防疫员承担的为畜禽实施强制免疫等基层动物防疫工作的劳务补助。2015 年中央财政继续安排 7.8 亿元补助经费。四是养殖环节病死猪无害化处理补助政策，国家对年出栏生猪 50 头以上，对养殖环节病死猪进行无害化处理的生猪规模化养殖场（小区），给予每头80元的无害化处理费用补助，补助经费由中央和地方财政共同承担。2015年，病死猪无害化处理补助范围由规模养殖场（区）扩大到生猪散养户。五是生猪定点屠宰环节病害猪无害化处理补贴政策。国家对屠宰环节病害猪损失和无害化处理费用予以补贴，病害猪损失财政补贴标准为每头800元，无害化处理费用财政补贴标准为每头80元，补助经费由中央和地方财政共同承担。

24. 草原生态保护补助奖励政策

为加强草原生态保护，保障牛羊肉等特色畜产品供给，促进牧民增收，从2011年起，国家在内蒙古自治区（以下简称内蒙古）、新疆、西藏自治区（以下简称西藏）、青海、四川、甘肃、宁夏回族自治区（以下简称宁夏）和云南8个主要草原牧区省（区）和新疆生产建设兵团，全面建立草原生态保护补助奖励机制。内容主要包括：实施禁牧补助，对生存环境非常恶劣、草场严重退化、不宜放牧的草原，实行禁牧封育，中央财政按照每亩每年6元的测算标准对牧民给予补助，初步确定5年为一个补助周期；实施草畜平衡奖励，对禁牧区域以外的可利用草原，在核定合理载畜量的基础上，中央财政对未超载的牧民按照每亩每年1.5元的测算标准给予草畜平衡奖励；给予牧民生产性补贴，包括畜牧良种补贴、牧草良种补贴（每年每亩10元）和每户牧民每年500元的生产资料综合补贴。2012年，草原生态保护补助奖励政策实施范围扩大到山西、河北、黑龙江、辽宁、吉林5省和黑龙江农垦总局的牧区半牧区县，全国13省（区）所有牧区半牧区县全部纳入了政策实施范围。2014年，中央财政对13个省（区）投入的补奖资金达到了157.69亿元。2015年，国家继续在13省（区）实施草原生态保护补助奖励政策。

25. 振兴奶业支持苜蓿发展政策

为提高我国奶业生产和质量安全水平，从2012年起，国家实施了"振兴奶业苜蓿发展行动",中央财政每年安排 3 亿元支持高产优质苜蓿示范片区建设,片区建设以 3 000 亩为一个单元,一次性补贴 180 万元(每亩 600 元),重点用于推行苜蓿良种化、应用标准化生产技术、改善生产条件和加强苜蓿质量管理等方面。2015 年继续实施"振兴奶业苜蓿发展行动"。

26. 渔业柴油补贴政策

渔业油价补助是党中央、国务院出台的一项重要的支渔惠渔政策,也是目前国家对渔业最大的一项扶持政策。2015 年国家继续实施渔业油价补贴政策,并对补贴方式和方法进行调整完善,使渔业油价补贴政策与渔业资源保护和产业结构调整等产业政策相协调,促进渔业可持续健康发展。

27. 渔业资源保护补助政策

落实渔业资源保护与转产转业转移支付项目资金 4 亿元,其中用于水生生物增殖放流 30 600 万元,海洋牧场示范区建设9 400万元。2015 年该项目继续实施。

28. 以船为家渔民上岸安居工程

2013 年开始,中央对以船为家渔民上岸安居给予补助,无房户、D 级危房户和临时户户均补助 2 万元,C 级危房户和既有房屋不属于危房但住房面积狭小户户均补助 7 500 元。以船为家渔民上岸安居工程的补助对象按长期作业地确定,2010 年 12 月31 日前登记在册的渔户至少满足以下条件之一的可列为补助对象:一是长期以渔船(含居住船或兼用船)为居所;二是无自有住房或居住危房、临时房、住房面积狭小(人均面积低于 13 平方米),且无法纳入现有城镇住房保障和农村危房改造范围。以船为家渔民上岸安居工程实施期限 2013—2015 年,目标是力争用3 年时间实现以船为家渔民上岸安居,改善以船为家渔民居住条件,推进水域生态环境保护。2013—2014 年中央预算内投资已安排 10 亿元,补助江苏、浙江、安徽、山东、湖北、湖南、江西、广西、福建、重庆、四川等省（区、市）以船为家渔民上岸安居工程。2015年国家继续实施这一政策。

29. 海洋渔船更新改造补助政策

自2012年9月开始，国家安排42亿多元用于海洋渔船更新改造。渔船更新改造坚持渔民自愿的原则，重点更新淘汰高耗能老旧船，将渔船更新改造与区域经济社会发展和海洋渔业生产方式转型相结合，形成到较远海域作业的能力。中央投资按每艘船总投资的30%上限补助，且原则上不超过渔船投资补助上限。中央补助投资采取先建后补的方式，按照建造进度分批拨付，不得用于偿还拖欠款等。国家不再批准建造底拖网、帆张网和单船大型有囊灯光围网等对资源破坏强度大的作业船型。享受国家更新改造补助政策的远洋渔船不得转回国内作业；除因船东患病致残、死亡等特殊情况外，享受更新补助政策的海洋渔船十年内不得买卖，卖出的按国家补助比例归还国家。2015年该项目继续实施。

30. 农产品产地初加工支持政策

中央财政继续安排6亿元转移支付资金，采取"先建后补"方式，按照不超过单个设施平均建设造价30%的标准实行全国统一定额补助，扶持农户和农民合作社建设马铃薯贮藏窖、果蔬贮藏库和烘干房三大类18种规格的农产品产地初加工设施。实施区域为河北、内蒙古、辽宁、吉林、福建、河南、湖南、四川、云南、陕西、甘肃、宁夏、新疆13个省（区）和新疆生产建设兵团。

31. 农村沼气建设政策

重点发展以市场为导向、以效益为目标、以综合利用为手段的规模化沼气。规模化生物天然气工程建在原料规模化收集有保障、天然气气源短缺、用户需求量大的地区，主要用于接入市政燃气管网、提供车用生物天然气、给周边工商业用户供气，优先安排日产生物天然气 1 万立方米以上的大型沼气工程。大型沼气工程主要与畜牧业规模化养殖相配套，在养殖业发达和养殖污染严重的地区以畜禽粪便为原料建设，主要用于养殖场自用和发电上网。中小型集中供气沼气工程建在人口集中、原料丰富的地区，主要用于为村组居民和新农村集中供气，促进美丽乡村建设。鼓励沼气专业运营机构进入农村沼气建设领域，优先支持PPP（政府与社会资本合作）模式。强化科技支撑作用，鼓励提高产气率和节能增效等新技术、新装备、新成果的推广应用。

32. 开展农业资源休养生息试点政策

一是开展农产品产地土壤重金属污染综合防治。推动全国农产品产地土壤重金属污染普查与分级管理，设置农产品产地土壤重金属监测国控点，开展动态监测预警，建立农产品产地安全管理的长效机制。在我国南方 6 省区启动水稻产区稻米重金属污染状况一对一协同监测，以南方酸性水稻土产区为重点区域，开展农产品产地土壤重金属污染治理修复示范，对中轻度污染耕地实行边生产、边修复，在重污染区域，开展禁止生产区划分试点，同时对试点示范农户进行合理补偿。开展湖南重金属污染耕地及农作物种植结构调整试点工作。二是开展农业面源污染治理。建立完善全国农业面源污染国控监测网络，加强太湖、洱海、巢湖和三峡库区等重点流域农业面源污染综合防治示范区建设，在农业面源污染严重或对环境敏感的湖泊、流域，力争实施一批综合治理工程。在养殖、地膜、秸秆等污染问题突出区域，实施规模化畜禽养殖污染治理、水产健康养殖、全生物可降解膜示范、农田残膜回收与再生、秸秆综合利用示范等。三是积极探索农业生态补偿机制构建。进一步加强在重点流域的农业面源污染防治生态补偿试点工作，对采用化肥农药减施、农药残留降解等环境友好型技术和应用高效、低毒、低残留农药和生物农药的农户进行补贴，鼓励农户采用清洁生产方式，从源头上控制农业面源污染的发生。

33. 开展村庄人居环境整治政策

推进新一轮农村环境连片整治，重点治理农村垃圾和污水。推行县域农村垃圾和污水治理的统一规划、统一建设、统一管理，有条件的地方推进城镇垃圾污水设施和服务向农村延伸。建立村庄保洁制度，推行垃圾就地分类减量和资源回收利用。大力开展生态清洁型小流域建设，整乡整村推进农村河道综合治理。推进规模化畜禽养殖区和居民生活区的科学分离，引导养殖业规模化发展，支持规模化养殖场畜禽粪污综合治理与利用。逐步建立农村死亡动物无害化收集和处理系统，加快无害化处理场所建设。合理处置农田残膜、农药包装物等废弃物，加快废弃物回收设施建设。推动农村家庭改厕，全面完成无害化卫生厕所改造任务。适应种养大户等新型农业经营主体规模化生产的需求，统筹建设晾晒场、农机棚等生产性公用设施，整治占用乡村道路晾晒、堆放等现象。大力推进农村土地整治，节约集约使用土地。

34. 培育新型职业农民政策

中央财政安排 11 亿元农民培训经费，继续大力实施新型职业农民培育工程，在全国 4 个整省、20 个整市和 500 个示范县开展重点示范培育，围绕主导产业开展农业技能和经营能力培训，加大对专业大户、家庭农场经营者、农民合作社带头人、农业企业经营管理人员、农业社会化服务人员和返乡农民工的培养培训力度。同时制定专门规划和政策，整合教育培训资源，围绕"调结构、转方式"的目标，培育 1 万名现代青年农场主，壮大新型职业农民队伍，构建新型职业农民教育培训、认定管理和政策扶持互相衔接配套的培育制度，为现代农业发展提供人力支撑，确保农业发展后继有人。

35. 基层农技推广体系改革与建设补助项目政策

中央财政安排基层农技推广体系改革与建设补助项目 26 亿元，基本覆盖全国农业县。主要用于支持项目县深化基层农技推广体系改革，完善以"包村联户"为主要形式的工作机制和"专家＋农业技术人员＋科技示范户＋辐射带动户"的服务模式，推动农技推广服务信息化工作，改善推广服务手段，推进农技推广服务特岗计划，补充推广人才队伍，全面推进农业科技进村入户。

36. 培养农村实用人才政策

继续开展农村实用人才带头人和大学生村官示范培训，新增设一批部级农村实用人才培训基地，依托培训基地举办180余期示范培训班，培训1.8万多名各类农村实用人才和大学生村官，并带动各省区市大规模开展农村实用人才培养工作。继续实施农村实用人才培养"百万中专生"计划，全年计划完成7万人以上的招生规模，提升农村实用人才学历层次。继续开展农村实用人才认定试点，研究出台指导性认定标准和扶持政策框架，加强认定信息管理，构建科学规范的认定体系。组织实施"全国十佳农民"2015年度资助项目，遴选10名从事种养业的优秀新型农民代表，每人给予5万元的资金资助。

37. 加快推进农业转移人口市民化政策

十八届三中全会明确提出要推进农业转移人口市民化，逐步把符合条件的农业转移人口转为城镇居民。政策措施主要包括3个方面：一是加快户籍制度改革。全面放开建制镇和小城市落户限制，有序放开中等城市落户限制，合理确定大城市落户条件，严格控制特大城市人口规模。建立城乡统一的户口登记制度。建立居住证制度，以居住证为载体，建立健全与居住年限等条件相挂钩的基本公共服务提供机制。二是扩大城镇基本公共服务覆盖面。保障农业转移人口随迁子女平等享有受教育权利。面向农业转移人口全面提供政府补贴职业技能培训服务，将农业转移人口纳入社区卫生和计划生育服务体系，把进城落户农民完全纳入城镇社会保障体系和城镇住房保障体系，加快建立覆盖城乡的社会养老服务体系。三是保障农业转移人口在农村的合法权益。加快推进农村土地确权登记颁

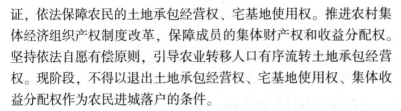

证，依法保障农民的土地承包经营权、宅基地使用权。推进农村集体经济组织产权制度改革，保障成员的集体财产权和收益分配权。坚持依法自愿有偿原则，引导农业转移人口有序流转土地承包经营权。现阶段，不得以退出土地承包经营权、宅基地使用权、集体收益分配权作为农民进城落户的条件。

38. 发展新型农村合作金融组织政策

国家继续支持农民合作社和供销合作社发展农村合作金融，选择部分地区进行农民合作社开展信用合作试点，丰富农村地区金融机构类型。国家将推进社区性农村资金互助组织发展，这些组织必须坚持社员制、封闭性原则，坚持不对外吸储放贷、不支付固定回报。国家还将进一步完善对新型农村合作金融组织的管理体制，明确地方政府的监管职责，鼓励地方建立风险补偿基金，有效防范金融风险。

39. 金融支持农业规模化生产与集约化经营政策

2014年下半年，国家有关部门发布了金融支持农业规模化生产和集约化经营的指导意见，主要内容包括：加大对农业规模化生产和集约化经营的信贷投入。将各类农业规模经营主体纳入信用评定范围，建立信用档案，提高授信额度，支持农业产业化龙头企业依法通过兼并、重组、收购、控股等方式组建大型农业企业集团，合理运用银团贷款方式，满足农业规模经营主体大额资金需求。围绕地方特色农业，以核心企业为中心，捆绑上下游企业、农民合作社和农户，开发推广订单融资、动产质押、应收账款保理和产商银等多种供应链融资产品。探索以厂商、供销商担保或回购等方式，推进农用机械设备抵押贷款业务。稳妥推动开展农村土地承包经营权抵押贷款试点，探索土地经营权抵押融资业务新产品，支持农业规模经营主体通过流转土地发展适度规模经营。强化对农业规模化生产和集约化经营重点领域的支持。在产业项目方面，重点支持农业科技、现代种业、农机装备制造、设施农业、农业产业化、农产品精深加工等现代农业项目。在农业基础设施方面，重点支持耕地整理、农田水利、商品粮棉生产基地和农村民生工程建设。在农产品流通领域，重点支持批发市场、零售市场和仓储物流设施建设。

40. 农业保险支持政策

目前，中央财政提供农业保险保费补贴的品种有玉米、水稻、小麦、棉花、马铃薯、油料作物、糖料作物、能繁母猪、奶牛、育肥猪、天然橡胶、森林、青稞、藏系羊、牦牛等，共计15个。对于种植业保险，中央财政对中西部地区补贴40%，对东部地区补贴35%，对新疆生产建设兵团、中央直属垦区、中储粮北方公司、中国农业发展集团公司（以下简称中央单位）补贴65%，省级财政至少补贴25%。对能繁母猪、奶牛、育肥猪保险，中央财政对中西部地区补贴50%，对东部地区补贴40%，对中央单位补贴80%，地方财政至少补贴30%。对于公益林保险，中央财政补贴50%，对大兴安岭林业集团公司补贴90%，地方财政至少补贴40%；对于商品林保险，中央财政补贴30%，对大兴安岭林业集团公司补贴55%，地方财政至少补贴25%。中央财政农业保险保费补贴政策覆盖全国，地方可自主开展相关险种。2015年，国家将进一步加大农业保险支持力度，提高中央、省级财政对主要粮食作物保险的保费补贴比例，逐步减少或取消产粮大县县级保费补贴，不断提高稻谷、小麦、玉米三大粮食品种保险的覆盖面和风险保障水平，鼓励保险机构开展特色优势农产品保险，有条件的地方提供保费补贴，中央财政通过以奖代补等方式予以支持；扩大畜产品及森林保险范围和覆盖区域；鼓励开展多种形式的互助合作保险。

41. 村级公益事业一事一议财政奖补政策

村级公益事业一事一议财政奖补，是政府对村民一事一议筹资筹劳开展村级公益事业建设进行奖励或补助的政策，财政奖补资金主要由中央和省级以及有条件的市、县财政安排。奖补范围主要包括农民直接受益的村内小型水利设施、村内道路、环卫设施、植树造林等公益事业建设，优先解决群众最需要、见效最快的村内道路硬化、村容村貌改造等公益事业建设项目。财政奖补既可以是资金奖励，也可以是实物补助。2014 年中央财政安排奖补资金 228 亿元，各级财政奖补资金超过 500 亿元，有效地改善了农民生产生活条件。2015 年，国家继续提高政府对农民筹资筹劳的奖补力度和中央财政占政府奖补资金的比例，进一步完善一事一议财政奖补机制，深入推进村级公益事业建设均衡有序发展。

42. 扶持家庭农场发展政策

国家有关部门将采取一系列措施引导支持家庭农场健康稳定发展，主要包括：开展示范家庭农场创建活动，推动落实涉农建设项目、财政补贴、税收优惠、信贷支持、抵押担保、农业保险、设施用地等相关政策，加大对家庭农场经营者的培训力度，鼓励中高等学校特别是农业职业院校毕业生、新型农民和农村实用人才、务工经商返乡人员等兴办家庭农场。发展多种形式的适度规模经营。鼓励有条件的地方建立家庭农场登记制度，明确认定标准、登记办法、扶持政策。探索开展家庭农场统计和家庭农场经营者培训工作。推动相关部门采取奖励补助等多种办法，扶持家庭农场健康发展。

43. 扶持农民合作社发展政策

国家鼓励农村发展合作经济，扶持发展规模化、专业化、现代化经营，允许财政项目资金直接投向符合条件的合作社，允许财政补助形成的资产转交合作社持有和管护，允许合作社开展信用合作。引导农民专业合作社拓宽服务领域，促进规范发展，实行年度报告公示制度，深入推进示范社创建行动。2014 年，中央财政扶持农民合作组织发展资金规模达到了 20 亿元，并在北京、吉林、浙江、湖北、重庆五省市开展合作社贷款担保保费补助试点。2015年，除继续落实现行的扶持政策外，将深入推进合作社规范发展，启动国家示范社动态监测，把运行规范的合作社尤其是示范社作为政策扶持重点和国家"三农"建设项目的重要承担主体；引导督促合作社开展年度报告公示，及时准确报送和公示生产经营、资产状况等信息；坚持社员制封闭性，依托产业发展，按照对内不对外、吸股不吸储、分红不分息的原则，稳妥开展农民合作社内部信用合作试点。

44. 引导工商资本到农村发展适合企业化经营的种养业政策

农业部、中央农办、国土资源部、国家工商总局四部门联合下发的《关于加强对工商资本租赁农地监管和风险防范的意见》明确，引导工商资本到农村发展适合企业化经营的现代种养业，主要是鼓励其重点发展资本、技术密集型产业，从事农产品加工流通和农业社会化服务，推动传统农业加速向现代农业转型升级，促进一、二、三产业融合发展。鼓励工商资本发展良种种苗繁育、高标准设施农业、规模化养殖等适合企业化经营的现代种养业，开发农村"四荒"资源发展多种经营，投资开展土地整治和高标准农田建设。同时，工商资本进入农业应通过利益联结、优先吸纳当地农民就业等多种途径带动农民共同致富，不排斥农民，不代替农民，实现合理分工、互利共赢，让农民更多地分享现代农业增值收益。

45. 发展多种形式适度规模经营政策

引导土地经营权规范有序流转，创新土地流转和规模经营方式，积极发展多种形式适度规模经营。土地流转和适度规模经营必须从国情出发，要尊重农民意愿，因地制宜、循序渐进，不能搞大跃进，不能强制推动。土地流转要坚持农村土地集体所有权，稳定农户承包权，放活土地经营权，以家庭承包经营为基础，推进家庭经营、集体经营、合作经营、企业经营等多种经营方式共同发展；要坚持规模适度，既注重提升土地经营规模，又防止土地过度集中，兼顾公平与效率，提高劳动生产率、土地产出率和资源利用率；要坚持市场在资源配置中起决定性作用和更好发挥政府作用，既促进土地资源有效利用，又确保流转有序规范，重点支持发展粮食规模化生产。鼓励和支持承包土地向专业大户、家庭农场、农民合作社流转，发展多种形式的适度规模经营。各地要依据自然经济条件、农村劳动力转移情况、农业机械化水平等因素，研究确定本地区土地规模经营的适宜标准。防止脱离实际、违背农民意愿，片面追求超大规模经营的倾向。现阶段，对土地经营规模相当于当地户均承包地面积 10～15 倍、务农收入相当于当地二、三产业务工收入的，应当给予重点扶持。

46. 完善农村土地承包经营权确权登记颁证政策

中央选择山东、四川、安徽 3 个整省和其他省共 27 个整县开展试点，其他省份结合实际，稳步扩大试点范围。据统计，截至 2014 年底，全国 1 988 个县（市、区）开展了农村土地承包经营权确权登记颁证工作。按照中央安排部署，2015 年继续扩大试点范围，再选择江苏、江西、湖北、湖南、甘肃、宁夏、吉林、贵州、河南 9 个省（区）开展整省试点，其他省（区、市）根据本地情况，扩大开展以县为单位的整体试点，加大宣传指导力度，不断健全完善政策制度，抓紧抓实抓好此项工作。

47. 推进农村集体产权制度改革政策

农村集体产权制度改革的重点主要包括：一是按照中央审议通过的《积极发展农民股份合作赋予农民对集体资产股份权能改革试点方案》的要求，指导试点地区重点围绕保障农民集体经济组织成员权利，积极发展农民股份合作，赋予农民对集体资产股份占有、收益、有偿退出及抵押、担保、继承权三方面开展试点工作。二是按照中央审议通过的《关于农村土地征收、集体经营性建设用地入市、宅基地制度改革试点工作的意见》，指导试点地区重点围绕完善农村土地征收制度、建立农村集体经营性建设用地入市制度、改革完善农村宅基地制度和建立兼顾国家、集体、个人的土地增值收益分配机制等内容开展试点工作。三是贯彻落实《国务院办公厅关于引导农村产权流转交易市场健康发展的意见》，指导各地健全交易规则，完善运行机制，加强交易服务，实行公开交易，促进农村产权流转交易顺利进行。四是抓紧研究制定农村集体产权制度改革指导性文件，进一步明确改革的主要目标、基本原则，提出改革的主要任务，研究出台有关财政、税收、金融、土地等多方面扶持产权制度改革和发展集体经济的政策。

48. 国家现代农业示范区建设支持政策

进一步加大对国家现代农业示范区建设的支持力度，形成财政资金、基建投资、金融资本等各类资金协同支持示范区发展的合力。一是继续实施"以奖代补"政策，扩大奖补范围，对投入整合力度大、创新举措实、合作组织发展好、主导产业提升和农民增收明显的示范区安排1 000万元"以奖代补"资金，支持鼓励示范区加快推进农业体制机制创新。二是安排中央预算内基本建设投资6亿元，加大对示范区旱涝保收标准农田建设的支持力度，每亩建设投资不低于1 500元，其中中央定额补助1 200元。三是协调加大对示范区的金融支持力度，推动示范区健全农业融资服务体系，力争国家开发银行、中国农业发展银行、中国邮政储蓄银行等金融机构今年对示范区建设的贷款余额不低于300亿元。

49. 农村改革试验区建设支持政策

农村改革试验区工作，将围绕深入贯彻中央关于继续深化农村改革的决策部署，以启动实施第二批农村改革试验任务、深化第一批试验区改革探索、加强农村改革试验成果转化推广为重点，完善工作机制，加强制度建设，改进管理服务，着力在深化农村土地制度改革、完善农业支持保护体系、建立现代农村金融制度、深化农村集体产权制度改革、改善乡村治理机制等方面深入探索试验，努力形成一批可复制、可推广的经验。

50. 农村、农垦危房改造补助政策

农村危房改造和农垦危房改造是国家保障性安居工程的组成部分。农村危房改造 2008 年开始试点，2012 年实现全国农村地区全覆盖，补助对象重点是住在危房中的农村分散供养五保户、低保户、贫困残疾人家庭和其他贫困户。2015 年农村危房改造中央补助标准为每户平均 7 500 元，在此基础上对贫困地区每户增加 1 000 元补助，对建筑节能示范户每户增加 2 500 元补助。在任务安排上，对国家确定的集中连片特殊困难地区和国家扶贫开发工作重点县等贫困地区、抗震设防烈度 8 度及以上的地震高烈度设防地区予以倾斜。

农垦危房改造 2008 年启动实施，2011 年实施范围扩大到全国农垦，以户籍在垦区且居住在垦区所辖区域内危房中的农垦职工家庭特别是低收入困难家庭为主要扶助对象。2015 年国家拟补助改造农垦危房 20 万户，中央补助资金按照东、中、西部垦区每户分别补助 6 500 元、7 500 元、9 000 元，供暖、供水等配套基础设施建设每户补助 1 200 元。

二、关于进一步完善中央财政型农业保费补贴保险产品条款拟订工作的通知

近期，农业部、财政部和保监会联合发布《关于进一步完善中央财政型农业保费补贴保险产品条款拟订工作的通知》，要求农业保险提供机构对种植业保险及能繁母猪、生猪、奶牛等按头（只）保险的大牲畜保险条款中不得设置绝对免赔。同时，要依据不同品种的风险状况及民政、农业部门的相关规定，科学合理地设置相对免赔。

（一）什么是绝对免赔额？

比如你买的小麦保险，最高赔偿额是 300 元/亩，保险公司设置的绝对免赔额 30 元（10％），那么如果发生了灾害，你的损失在 30 元以内，保险公司不予赔偿。只有在发生灾害后，你的损失在 30 元以上 300 元以下，保险公司才会赔偿。取消绝对免赔额后，意味着你花同样的保费，能够得到更高的赔偿。

（二）什么是农业保险？

农业保险是国家推出的一项惠农政策。农业受气候灾害、地质灾害、病虫害等影响很大，通过购买保险，农户能在收到灾害影响后，获得保险公司的理赔，从而将农业损失降到最低。目前中央财政保费补贴涵盖种植、养殖、林业 3 大类 15 个品种，基本覆盖了主要的大宗农产品，各级财政合计保费补贴比例平均达到75% ~ 80%。

当前我国正处于推进农业现代化的新时期，农业生产逐步向适度规模经营转变，投入的规模更大、面临的风险更高，因此我们干农业的，应该学会利用国家的农业保险来降低自己的投资风险。

（三）国家如何补贴保费？

由于我国幅员辽阔，各地农业的发展情况和面临的风险各不相同，比如海南受台风灾害较多，西南地区受泥石流等灾害较多，中原地区受干旱灾害较多……因此，各省农业保险的品种、范围、保费以及赔偿金额都不一样。以山东为例，山东 2015 年对小麦、玉米和棉花保险费率进行调整，小麦保费由每亩 10 元提高到 15 元，保险金额由每亩 320 元提高到 375 元；玉米保费由每亩 10 元提高到 15 元，保险金额由每亩 300 元提高到 350 元；棉花保费由每亩 18 元提高到 30 元，保险金额由每亩 450 元提高到 500 元。为规范作物签约期，避免承保公司补贴资金跨年度挂账问题，小麦签约期调整为每年的 1 月 20 日前，玉米为 7 月 15 日前，棉花为 5 月 31 日前。

保费补贴方面，山东为国家和省级财政负担 50%、地方财政负担 30%，农户负担 20% 的比例给予补贴，也就是说，山东农民一亩小麦地保费 15 元，自己只需要交 3 元就可以，如果发生灾

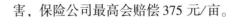

害，保险公司最高会赔偿 375 元/亩。

（四）如何购买和理赔？

签定合同。在自愿的基础上，以村为单位统一投保，投保单位与承保公司签订保险合同（附参保农户投保明细单，同时提供投保农户身份证号及一卡通账号）。村里没有统一投保的，投保农户与承保公司签订保险合同，投保人应及时缴纳应承担的保费。保险合同须按品种（小麦、玉米、棉花等）签署，保费须按品种缴纳。投保农户不缴费，财政不补贴。

定损理赔农户如在合同期内发生了灾害，首先要及时通知所在村协保员或镇（区）三农保险服务站，由镇（区）、村协保员把受灾情况核实后报送保险机构；其次要保护好受灾现场，未经保险公司允许，不能随意对灾害现场进行处理；随后，保险机构和政府相关部门将联合对受灾情况进行查勘定损，保险公司将根据规定进行理赔公示，无异议后向受灾农户发放赔款。

争议处理：农户或农业生产经营组织与农业保险经办机构因保险事宜发生争议，可通过自行协商解决，也可向当地政策性农业保险工作机构或政府申请调解；如调解无法达成一致，可申请仲裁或向当地人民法院提起诉讼。

三、获取涉农政策的方式

1. 到"中华人民共和国农业部"官方网站中的"通知公告"栏中获取

2. 到各省、市、县政府网站获取

3. 中国共产党中央委员会（简称"中共中央"）、中华人民共和国国务院（简称"国务院"）每年印发的中央一号文件

2015 年中央"一号文件"五个重大。

（1）重大课题：我国经济增长进入新态势，正从高速增长转向中高速增长，如何在经济增速放缓背景下继续强化农业基础地位、促进农民持续增收。

（2）重大考验：国内农业生产成本快速攀升，大宗农产品价格普遍高于国际市场，如何在"双重挤压"下创新农业支持保护政策、提高农业竞争力。

（3）重大挑战：我国农业资源短缺，开发过度、污染加重，如何在资源环境硬约束下保障农产品有效供给和质量安全、提升农业可持续发展能力。

（4）重大问题：城乡资源要素流动加速，城乡互动联系增强，如何在城镇化深入发展背景下加快新农村建设步伐、实现城乡共同繁荣。

（5）重大任务：破解这些难题，是今后一个时期"三农"工作的重大任务。

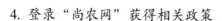

4. 登录"尚农网"获得相关政策

尚农网又称"尚·农"网，是由北京市农村工作委员会、北京市经济和信息化委员会主办，北京市城乡经济信息中心、北京市农业局信息中心、北京农业信息技术研究中心联合中国移动北京有限公司、北京农信通科技有限公司共同打造的北京都市型现代农业"221信息平台"网站，是首都涉农综合型服务门户网站。

【思考题】

1. 如何正确运用相关法律知识？举例说明。

2. 简述相关涉农政策。

第四章　精神的养成

学习目标：

通过学习，深入了解我国劳动人民的优良传统，了解在社会主义市场经济体制下农民应具备的精神和素质，使他们对本职工作充满自豪感和责任心。

第一节　爱国精神

爱国主义是一个国家赖以生存、发展的精神支柱。爱国主义的目的在于对本国人民利益的追求，即人民的利益是爱国主义的根本所在。说到底，"爱国主义"就是爱人民，爱人民是"爱国主义"的具体体现。爱国情愫的形成是一个复杂而漫长的过程，从远古时代开始，先辈们生于斯，长于斯，利用他们的智慧和勤劳了解、熟悉着祖国的地理环境，并不断受惠于祖国的物质资源，创造了文化，积累了文明。他们一代又一代享受着祖国文化的熏陶，又为促进文明奋斗着。久而久之，自然而然地产生了对祖国的爱恋之情，并通过演化、提炼、升华而逐渐形成和发展起对民族对祖国真挚而深厚的爱。

一、爱国主义是中华民族的优良传统

"天下兴亡，匹夫有责"是中华民族的爱国传统。广大劳动人民的爱国主义，既表现为反对帝国主义侵略，又表现在反对本国反动政权统治的斗争中。他们的爱国主义是真诚的、坚定的。在半殖民地、半封建的旧中国，劳动人民处于任人宰割、任人欺凌的地位，是民族压迫的直接受害者，他们同本民族统治阶级的利益是完全对立的。因而，在国家和民族遭受危难的时刻，广大

劳动人民总是站在反侵略斗争的第一线，承担着最大的民族牺牲。

在历史长河中，面对异族的入侵，中国人民进行了英勇的反抗和奋争，涌现出岳飞、文天祥、郑成功等无数可敬可爱的民族英雄，留下无数可歌可泣的爱国主义业绩。近代中国，鸦片战争、中法战争、甲午战争，每一次战争都使中国一步步陷入半殖民地的历史深渊。同时，每一次战争也使中国人产生震惊和民族危机感，爱国主义的精神日益增强，"救亡图存"之声成为时代的最强音。近代中国出现的一切问题无不与这一主题息息相关。无论是郑观应等提倡的"实业救国"、蔡元培等倡导的"教育救国"、"科学救国"，还是邹容等追随的"革命救国"，都是爱国主义精神的体现。从林则徐"苟利国家生死以，岂因祸福避趋之"，到秋瑾的"拼将十万头颅血，敢把乾坤力挽回"，皆是爱国主义民族精神的生动写照。

在新的历史条件下，继承爱国主义优良传统，弘扬民族精神和时代精神，以热爱祖国为荣，做一个忠诚的爱国者，是当代华夏子民的基本要求、义务和义不容辞的责任！新时代的爱国主义体现了人民群众对自己祖国的深厚感情，反映了个人对祖国的依存关系，是人们对自己故土家园、民族和文化的归属感、认同感、尊严感与荣誉感的统一。它是调节个人与祖国之间关系的道德要求、政治原则和法律规范，也是民族精神的核心。

二、做一名新时期的爱国者

爱国主义是一个历史范畴，在社会发展的不同阶段、不同时期有不同的具体内容。革命时期，需要我们为祖国的独立出生入死，建设时期，需要我们为祖国的繁荣富强添砖加瓦。那么，如何做一名新时期的爱国者呢？

首先，每个公民必须要有强烈的民族自尊心、自豪感。民族自尊心、自豪感是任何时期任何爱国者必须具备的情感。民族自尊心能增加我们自立向上的恒心，自豪感能树立我们建设祖国的自信。邓小平曾说："谈到人格，但不要忘记还有一个国格。特别是像我们这样的第三世界的发展中国家，没有民族自尊心，不珍惜自己民族的独立，国家是立不起来的。"

要增强民族自尊心、自豪感，就必须反对民族虚无主义。近代史上，面对列强的分割，面对祖国的落后，部分激进分子主张一切采取"拿来主义"，甚至走向民族虚无主义的极端。民族虚无主义既否定我们的民族精神和独立品格，也彻底否定了中华民族几千年以来备受人们推崇的爱国主义精神，这是一种偃息民族自尊心的观点。

我们民族有五千年的文明史，而且一度领导世界潮流，直到中国已走向衰落的 20 世纪。英国著名的思想家罗素对中华民族悠久历史和文化做出高度的评价："中国的文明是世界上几大古国文明唯一幸存和延续下来的文明。自孔子时代以来，埃及、巴比伦、波斯、马其顿和罗马帝国的文明都相继消亡，但中国文明却通过持续不断的改良，得以继续下来。"又说："平心而论，我认为中华民族是我们遇见的世界上最优秀的民族之一。"

他还断言："他们将在科学上创造世人瞩目的成就。他们很可能超过我们，因为他们具有勤奋向上的精神，具有民族复兴的热情。"这些论述对于我们消除民族自卑感是大有裨益的。事实上，民族虚无主义只是部分激进分子们倡导的，而大多数爱国者还是尊重我们祖国的主权，坚信我们民族的文明。事实证明，民族虚无主义并不会给中国带来好的出路，只能带来自卑与自残，"我们要正确认识自己的历史文化，区分精华和糟粕，使中华民族几千年来创造的文明成果，在社会主义现代化建设中获得新的生命，放出新的光彩"。

其次，要从思想上、知识上充分装备自己，为祖国的繁荣稳定贡献力量。随着越来越多的国家对 WTO 的认可与加入，全球化已是大势所趋，中国已成为世界舞台上不可或缺的一员。在这个舞台上，如何成功地履行自己的角色，立于不败之地，需要我们每个人的努力。我们必须先从思想的高度上认识我们面临的局势：我们虽有辉煌的文明，但仍处于落后的状态；我们虽已取得了成就，并得到世界的认可，但仍有部分敌对势力对社会主义制度十分仇视，我们应保持清醒的头脑，自觉维护已取得的革命成果与建设成就，维护祖国的稳定统一。

作为新型职业农民，爱国主义是最基本的素质要求，爱国主义是我们祖国的优良传统美德。历史上的一些道德规范在今天已失去存在的价值，如"一女不嫁二夫""不孝有三，无子为大"等已被当做封建礼教而摒弃，而爱国主义却始终是基本的素质要求。

当全球化已成为一股强大的时代潮流跨越民族、国家的地域，超越制度、文化的障碍，使人类逐渐形成为一个不可分割的有机整体时，加入 WTO、参与全球化的进程又使我国的社会开放程度进一步提高，虽然我国获得了加快发展的机遇，但也直接面临着更为严峻的经济、政治、文化等全方位的挑战，对我国的爱国主义传统、民族凝聚力也是个重大的考验。因此，在全球化的背景下切实加强爱国主义教育，必须增强广大公民的民族自尊心、自信心，树立强烈的民族复兴责任感。

世界经济的全球化，是生产跨国化、贸易和投资自由化、商品世界化、资本国际化和市场全球化的过程，它使我国可以充分利用国际间流动的信息、资金、技术和管理经验，为现代化建设服务，也可以使我国凭借自身的网络优势参与国际竞争，促进经济质量的提高。但是，经济全球化赖以发展的信息网络、经济网络、金融网络，主要是由美国为首的发达国家控制的，经济全球化的"游戏规则"主要也是由发达国家制定的。在今后相当长的一个时期里，美国等发达国家在经济全球化中的主导作用不仅难以改变，而且会在一定程度上得到加强。

因此，广大发展中国家在经济全球化中处于明显的劣势地位，不可避免地成为发达国家的资本积累对象。随着我国加入WTO，发达国家凭借生产力和科技水平的优势地位，必然大举进入和占领我国的市场，我国的农业、工业、服务业等各大产业都面临着严重的冲击。在一段时间会出现洋货充斥市场，某些民族产业衰微的情况。同时，随着我国社会的日益开放、对外交流的频繁、国民的视野也更为开阔，这就会使"有的人只看到我国与西方发达国家物质生产和生活水平的差距，就以为一切是外国的好，对外国盲目崇拜，对祖国妄自菲薄。"这一切，都会影响到国民的民族自尊心和自信心。

从政治上说，全球化具有极强的地理扩张倾向。西方发达国家在全球化中不仅抢占市场和经济主导机，同时也向发展中国家大肆兜售西方的价值观和社会体制，甚至用带有苛刻政治条件的经济援助胁迫发展中国家就范。东南亚金融危机时，IMF（国际货币基金组织）对韩国、印尼的援助就是一个明证。近年来，以美国为首的少数西方发达国家宣扬"人权高于主权""主权让渡"，将政治问题、意识形态问题与经济问题挂钩，以此向中国施加压力，企图在中国推行西方的人权标准和政治制度，使中国朝西方国家所希望的方向转变。可以确信，随着我国加入WTO，融入全球化程度的加深，西方发达国家的"西化""分化"攻势只会加强，而不会削弱。这必然对我国的国家自主性和国家主权构成损害，甚至可能引发民族离心力而威胁国家安全。随着中国文化市场的开放，西方发达国家特别是美国进一步利用因特网、影视、书刊等传播媒介对我国进行文化渗透，西方的文化、价值观念、生活方式也随之涌入。目前，美国最大的出口产品，既不是高新技术产品，也不是军火，而是流行文化。不仅如此，它们在文化输出的背后，隐藏着意识形态的渗透。如亨廷顿抛出的"文明冲突论"就是企图以文化冲突掩盖实质上的意识形态渗透的体现。这样做的目的就是要转移我们的视线，使我们在"疏离政治"的陶醉中放弃马克思主义的意识形态。可以预料，随着全

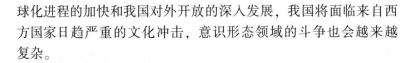

球化进程的加快和我国对外开放的深入发展，我国将面临来自西方国家日趋严重的文化冲击，意识形态领域的斗争也会越来越复杂。

三、爱国主义的内涵

这一方面为我们吸收发达国家的优秀文明成果创造了条件，但也会使消极文化糟粕侵害我们优秀的民族传统文化，从而影响我们的民族心理和文化根基。爱国主义是思想道德教育的重要内容，本身有着丰富的历史和现实内涵。但长期以来，我们只重视对爱国主义的历史传统的挖掘，而对爱国主义的现实内容关注较少，这就使爱国主义教育内容缺乏时代感和现实性。当前，要加强爱国主义教育，增强教育实效，我们既要注重爱国主义的历史渊源和传统内容，更要把握全球化时代的特点，认清我们肩负的历史责任，为爱国主义注入鲜活的时代内涵。爱国主义的时代内涵主要包括以下几点。

1. 坚定不移走社会主义道路的信念

社会主义制度是中国的立国之本，中国走社会主义道路是中国人民经过长期革命斗争得出的正确选择，是中国近代历史发展的必然结果。中国革命和建设的历史证明了只有社会主义才能救中国，也只有社会主义才能发展中国。因此，走社会主义道路是国家、民族、人民的根本利益所在，建设有中国特色社会主义也就成为新时期爱国主义的主题。江泽民同志指出："在当代中国，爱国主义和社会主义，本质上是一致的。"爱国主义为社会主义提供重要的精神动力和群众基础；社会主义为爱国主义提供正确的政治方向和有力的政治保证。在世界社会主义运动处于低潮的当今时代，坚持爱国主义和社会主义的有机统一，具有很强的现实针对性。西方敌对势力推行的"西化""分化"，其要害就是动摇人们对建设有中国特色社会主义事业的信念。因此，高举社会主义旗帜，是在新世纪实现中华民族伟大复兴的根基。

2. 强烈的民族自尊心、自信心

中华民族从来不愿俯仰随人，寄人篱下，具有强烈的民族自尊心和自信心。爱国主义和民族凝聚力是我们国家和民族增强竞争力、兴盛发达之本，而爱国主义和民族凝聚力的基础就是民族自尊心和自信心。在霸权主义和强权政治依然存在，以强凌弱、以富欺贫的局面还没有从根本上改变，我国的独立和主权仍然面临威胁和挑战的形势下，反对民族虚无主义，捍卫国家的尊严，树立自尊自信的民族气节，就显得尤为重要。我们必须看到，全球化并非世界一体化，全世界不能也不可能只有一种社会体制、一种文化、一种价值观念，也不可能把某一种社会体制、某一种文化、某一种价值观念强加给所有其他民族和国家。连亨廷顿也承认："在未来的岁月里，世界上将不会出现一个单一的普世文化，而是将有许多不同的文化和文明相互并存。"我们必须懂得"像我们这样第三世界的发展中国家，没有民族自尊心，不珍惜自己民族的独立，国家是立不起来的"道理，自觉维护国家的独立和尊严。

3. 祖国利益为首位的价值取向

民族自信心、民族自尊心是一种精神情感境界，祖国利益是具体而实际的，它包括领土的完整、主权的独立、社会的进步、经济的发展、文化的繁荣、国家的统一、民族的团结等。由于祖国是人们赖以生存的自然和社会环境的整体，每个人总是在这个环境中体现其个人利益的，因此，在国家、人民利益和个人利益关系的处理上，要"树立把国家和人民利益放在首位而又充分尊重公民个人合法利益的社会主义义利观"，追求两者和谐共生，共同提高和发展。这种责任感是实现中华民族伟大复兴的强大精神力量。在全球化浪潮面前，每一个中国人都应确立"以热爱祖国、报效人民为最大光荣，以损害祖国利益、民族尊严为最大耻辱"目的价值取向。

4. 强烈的忧患意识

经过改革开放，我国的综合国力已大大增强，国际地位显著提高，但我们必须清醒地看到，我们还是一个发展中国家，贫困、落后对我们的困扰并没有完全解除。在新世纪的征途上，我们面临的既有历史的机遇，又有严峻的挑战，在总体上我们还处于劣势，要赶上发达国家的水平，我们还要付出艰苦的努力。我们只有居安思危、卧薪尝胆，继续发挥同心同德、艰苦奋斗的精神，才能变压力为动力，在日益激烈的国际竞争中，防患于未然，才能立于不败之地。

5. 博采众长的理性态度

爱国主义，不是狭隘的民族主义。中国的发展进步，必须吸收世界各国的文明成果。任何形式的排外意识和行为都会损害当代爱国主义的伟大实践。因此，我们要从国家的长远利益出发，进一步扩大对外开放，以海纳百川的宽阔胸怀，大胆吸收利用国外资金、先进技术，大胆吸收和借鉴世界各国一切反映现代化、社会化、市场化生产规律的先进经营管理方式，把坚持发扬民族优秀传统文化与学习人类社会一切文明成果结合起来，充分利用国家、国外两个市场的资源，为中国特色社会主义现代化建设提供强有力的支持。

综上，爱国主义有着鲜明的时代特点，它总是随着时代的前进和历史的进步而不断丰富内容，向人民提出新的要求。但毫无疑问的是，它始终是一个国家、一个民族凝聚人民的重要思想基础和不断追求进步的强大精神动力。

四、新型职业农民爱国主义体现

如果不爱国，人们的价值观念就要发生扭曲，社会道德和社会风气就会出现滑坡，势必影响农村经济发展和社会进步。

（1）农民的爱国主义首先是从爱土地、爱家乡开始。故乡的山水土地，祖国的江河湖海，这些自然环境是人们爱国主义道德感情的最初源泉之一。保护自然环境，杜绝乱砍滥伐，防止水土流失，发展生态农业、可持续农业，提高地力，建设生态文明，促进农业可持续发展，这就是最大的爱国主义。

（2）社会主义现代化建设新历史时期，爱国主义的内容，正如邓小平同志指出的，"加紧社会主义现代化建设，实现国家统一，反对世界霸权主义、维护世界和平"是历史赋予中国人民的庄严而崇高的使命，是摆在全国人民面前伟大而艰巨的任务。为实现这三大任务特别是社会主义现代化建设任务，我国八亿农民已经作出并将作出巨大的贡献。农民自身努力科技水平的提高，注重职业道德的提升，发家致富本身就是爱国主义的体现。

（3）农民的思想境界不断提高，热爱党，热爱祖国，热爱社会主义，许多农民致富了，首先想到国家，争向国家多做贡献，向国家提供更多的粮食、更安全的农产品。农民爱国就有了良好的职业道德和职业操守，就不会出现三氯氰胺、"种了不吃"等问题。

（4）先富的农民带动后富，实现农村的共同富裕，这样自己富了还能帮扶其他农民致富的行为就是爱国主义的一种体现，我国有 8 亿农民，占全国人口的 2/3，只有农民都富起来，才能真正实现祖国的繁荣富强。

如果突破道德底线，只会带来苦果，有可能上升到法律的层面。爱国就在我们每一天的生活中，甚至就是那一举手一投足，一滴努力工作的汗水，一个甜美的微笑，一个小小的礼貌。

这也许是一个不需要英雄的时代，那就让我们尽自己的本分，做好新型职业农民应做的工作，爱农业、爱生活，这就是最好的爱国。

【案例】

感动中国——张正祥

张正祥今年 61 岁。30 多年来，他把心血都花在了滇池保护上。最多一周，他就会绕滇池一圈，检查滇池的污染情况。绕滇池一周的长度是 126 千米。至今，张正祥已经绕滇池走了 1 000 多圈。这 12 万千米的行走都是为了阻止对滇池的污染和破坏。在过去的 30 多年里，张正祥花光了所有积蓄，卖了家里的养猪场。妻子无法忍受，离他而去。他的子女也经常受到不明身份人的恐吓，小儿子因此患上了精神分裂症。张正祥自己更是经常遭到毒打。2002 年深秋，当张正祥去一家私挖私采的矿场拍照取证时，矿主的保镖开着车就向他直冲过来，张正祥当即晕倒在地。两个小时后，一场大雨把他浇醒。这次挨打，使其右眼失明，右眼眶骨折。不理解的人称他为"张疯子"。张正祥说："不是我疯了，是那些人疯了。是那些人不知天高地厚了，疯得只知道钱了。"他用牺牲整个家庭的惨重代价，换来了滇池自然保护区内 33 个大、中型矿、采石场和所有采砂、取土点的封停。

2009 年度感动中国人物评选组委会授予张正祥的颁奖词：生命只有一次，滇池只有一个，他把生命和滇池紧紧地绑在了一起。他是一个战士，他的勇气让所有人胆寒，他是孤独的，是执拗的，是雪峰之巅的傲然寒松。因为有这样的人，人类的风骨得以传承挺立。

随着时代的发展，经济、政治、道德涵盖的内容都会发生质的变化，但无论世事怎样变迁，爱国主义始终是思想政治教育中永恒不变的主题。爱国主义是高校政治思想工作和思想教育的基本内容，发扬爱国主义是建设有中国特色社会主义的不竭动力。

爱国主义在不同的时代具有不同的历史限定。江泽民总书记说："爱国主义有鲜明的时代特性。在今天，我们讲爱国就是要爱社会主义祖国，拥护中国共产党的领导，把个人的理想和事业融汇于祖国的社会主义现代化建设的伟大事业中。"不同的时代爱国主义的时代特性不尽相同，但它作为一种正义的、极具凝聚的力量是古今一脉相承的。爱国主义指的是对自己国家存有爱与忠诚的感情。爱国，与一般的爱（无条件）稍有不同，通常都应该附带对本国及其人民的利益有利的条件；一般来说，爱国主义中的上述条件，一般的民主政体是以对权力作出制约的制度和法律体现。列宁给爱国主义的定义是，"爱国主义是由千百年来固定下来的对自己的祖国的一种最深厚的感情。"列宁的定义说明，爱国主义是人类普遍性的自然情感，是超越社会不同发展阶段而固定永续的情感。爱国主义的基础是民族共同体对文化、种族的认同和凝聚，任何时代，我们都需要爱国主义——国家存在，爱国主义就应当存在。爱国主义的基本特点就是无条件地热爱自己的祖国。爱祖国，是人们心理上、道义上的自我约束，是人们生活中、行为中的自觉准则。在我国，爱国主义与社会主义是统一的。每个坚持爱国主义的公民，都应该坚持"一个中心，两个基本点"的路线，推进社会主义现代化进程，尽快把我国建设成为富强、民主、文明的社会主义强国。爱国主义是一个国家赖以生存、发展的精神支柱。爱国主义的目的在于对本国人民利益的追求，即人民的利益是爱国主义的根本所在。说到底，"爱国主义"就是爱人民，爱人民是"爱国主义"的具体体现。

爱国情愫的形成是一个复杂而漫长的过程，从远古时代开始，先辈们生于斯，长于斯，利用他们的智慧和勤劳了解、熟悉着祖国的地理环境，并不断受惠于祖国的物质资源，创造了文化，积累了文明。他们一代又一代享受着祖国文化的熏陶，又为促进文明奋斗着。久而久之，自然而然地产生了对祖国的爱恋之情，并通过演化、提炼、升华而逐渐形成和发展起对民族对祖国真挚而深厚的爱。在历史长河中，面对异族的入侵，中国人民进行了英勇的反抗和奋争，涌现出岳飞、文天祥、郑成功等无数可敬可爱的民族英雄，留下无数可歌可泣的爱国主义业绩。近代中国，鸦片战争、中法战争、甲午战争，每一次战争都使中国一步步陷入半殖民地的历史深渊。同时，每一次战争也使中国人产生震惊和民族危机感，爱国主义的精神日益增强，"救亡图存"之声成为时代的最强音。近代中国出现的一切问题无不与这一主题息息相关。无论是郑观应等提倡的"实业救国"、蔡元培等倡导的"教育救国""科学救国",还是邹容等追随的"革命救国",都是爱国主义精神的体现。从林则徐"苟利国家生死以,岂因祸福避趋之",到秋瑾的"拼将十万头颅血,敢把乾坤力挽回",皆是爱国主义民族精神的生动写照。正如江泽民同志指出的:"中日近代史昭示我们,要改变贫弱受欺、落后挨打的历史命运,就必须奋起抗争,奋发图强,从列强侵略中国的那一天起,中国人民就举起了团结御侮、救亡图存的爱国主义旗帜。从太平天国起义到义和团运动,从戊戌变法到孙中山领导的辛亥革命,无数中华儿女和爱国志士,为了探索救国救民的道路,前仆后继,历尽艰辛。"谱写了一曲爱国主义的凯歌。正是爱国主义产生的高度凝聚力和民族尊严感,才有了新中国的建立。

新中国建立后,热爱社会主义制度,建设富强、民主、统一的国家是社会主义爱国主义的内在要求。20世纪50~80年代,中国人民在曲折中前进,完成了社会主义改造的伟大任务,渡过60年代三年经济困难时期,在十年"文化大革命"之后,迅速走上拨乱反正,建设有中国特色社会主义的道路。无论是克服困难的毅力,还是纠正错误的勇气,都是以爱国主义为动力的。改革开放以来,中国人民意气风发,越来越自信地为祖国的繁荣富强奋斗着,我们的综合国力从1949年的世界第13位到目前的第5位。20年风雨征程,20年沧桑巨变,我们取得了世界发达国家100多年才能取得的巨大成就。被国际社会称为"中国奇迹"。在改革开放和经济发展的20年中,以邓小平、江泽民同志为核心的两代党中央领导集体,领导中国人民顶住了80年代末、90年代初国际国内政治风波的冲击;沉着应付了1997年以来亚洲金融危机的冲击;抵御了1998年夏秋之际洪水的冲击;同时喜迎香港、澳门回归祖国,获得了2008年奥运会的主办权,这些举世瞩目的巨大成就与我们坚持社会主义道路、热爱祖国和中国共产党的领导是密不可分的。难忘香港、澳门回归时,全国人民高举国旗翘首期盼钟声敲响的时刻，难忘申奥成功时热泪盈眶欢庆的狂热。这种情不自禁就是爱国主义的流露。发扬爱国主义是建设有中国特色社会主义的不竭动力，在辞旧迎新的时刻，人们常常是总结过去，瞻望未来。回首刚刚过去的 100 年，我们取得了惊人的成绩，同时也存在不可否认的差距，成绩使我们为祖国自豪，差距使我们为祖国奋发。在新世纪里，坚持中国共产党的领导，坚定不移地高举邓小平理论和江泽民"三个代表"的伟大旗帜，全面推进建设有中国特色社会主义事业，把祖国建设成为富强、民主、文明的社会主义现代化国家，是全国人民的根本利益所在，也是每个中国公民的责任所在。当今世界科学技术突飞猛进，知识经济已见端倪，全球化已是大势所趋，面对竞争激烈的国际环境，面对我国经济、科技水平发展较低，人口众多，自然资源有限，地区发展不平衡，生产力不发达状况还没有根本改变，社会主义制度还不够完善，社会主义市场经济发育还不成熟，社会主义民主法制还不健全等一系列社会主义初级阶段的特殊状况，如果没有爱国主义的优良传统，如果没有热爱祖国、建设祖国的责任与热忱，我们便只能临阵退却，只能自暴自弃，只能任人宰割，甚而再次成为附庸。

只有发扬爱国主义优良传统，才能坚定不移地坚持四项基本原则，坚持改革开放，开拓进取，对祖国的繁荣富强、社会的文明进步有强烈的责任感，并为此而倾注全部心血、贡献全部智慧。这是建设有中国特色社会主义不竭的动力。以国家、民族利益为重是爱国主义的基本内容。

第二节　尚农精神

我国历来就有"敬业乐群""忠于职守"的传统，敬业是中国人民的传统美德。早在春秋时期，孔子就主张人在一生中始终要勤奋、刻苦，为事业尽心尽力。他说过"执事敬""事思敬"

"修己以敬"等。意思就是让我们凡事都要俱"敬"的态度。

一、爱岗敬业

《庄子·养生主》讲了个"庖丁解牛"的故事。庖丁不仅迅速、快捷地解了牛，而且他在解牛过程中，动作出神入化，技术精湛绝伦。文惠王夸他好手艺，他却答道："臣之所好者，道也，进乎技矣。"对庖丁而言，他早已由技入道，将解牛的职业劳动变成了艺术创造和生命享受，以至他的解牛"莫不中音，合于桑林之舞，乃中经首之会"。

一个人占据了某个职业岗位，他就会通过职业劳动体现出他的才智和性情。若他在个人生活中碌碌无为、得过且过，尚且只是他个人的事（但也不会全部如此），但他要把这种行为方式和态度带到职业场所和职业劳动中，就是对社会、对他人的不恭和冒犯。因为职业劳动者的最起码的职业伦理要求就是胜任本职工作，要了解和掌握本职工作的基本性质、业务内容和工作技巧。一个优秀的职业劳动者当然不能止步于此，更不能因多年工作而自然获得的经验沾沾自喜、踌躇满志，要更上一层楼，由会、熟，过渡到精通，最终达到绝佳、绝顶，成为本职工作的行家里手。

意识到所做的工作是社会分工系统的一个部分，并进而努力促成本职工作的效率，这样的职业工作者就有了明确的职业意识。所谓职业意识就是对本职工作所具有的社会意义的敬重，并接受自己因从事该工作具有的角色，实现认同，在工作中加以贯彻。每一个职业人员都应具备这样的职业意识，它构成了职业人员的基本素质，具体的体现就是对本职工作的兴趣和热爱，并进一步产生自觉的职业伦理的约束和对高尚职业伦理的追求。

爱岗敬业、忠于职守，这话说起来简单，做起来不易。仅仅把职业当成是谋生手段的人不会忠于职守，他们很难把热情倾注在自己的工作上，往往是"做一天和尚撞一天钟"；把职业分为高低贵贱的人不会忠于职守，他们羡慕别人的职业，不满自己的职业，时时想着的是"人往高处走"。只有那些真正热爱自己职业的人才会忠于职守，像前面所说的那位保安，在他的眼里，自己的职业是光荣的，是值得为之奋斗的，所以才会在关键时刻忠于职守，不辱使命。

二、农业的重要地位

农业是一个靠天（阳光、空气、雨水）、地、生物来生产食物的古老产业，是解决"吃饭问题"的唯一途径。因此，农业是人类生存发展不可或缺的基础，事关社会安定和政治稳定，具有明显的基础性和公益性。由于粮食的独特唯一属性（生产方法独特唯一）、公共生存物品属性、金融属性（粮食期货最具炒作意义）和能源属性（可转化为生物燃料）等特殊属性，粮食在发达大国已成为国际控制和国际谈判中的得力武器，"粮食武器化"使农业成为战略产业。另外，农业还具有社会保障、生态保育（环境保全）、休闲保健、启迪教育、文化传承等多种功能，即所谓多功能性或多元综合价值。因此，农业的"贡献"早就远远超越狭隘经济学关于农业的"四大贡献"（产品、市场、要素、外汇）理论。

三、农民的敬业精神

敬业精神，其内容主要包括以下几点。

第一，对社会和公众利益的责任感。职业是社会分工的产物，因此，职业应体现社会公利，敬业精神的宗旨首先就是追求社会最大利益的实现。民以食为天，自古以来农业就在整个人类社会中扮演着重要的角色，正常的农业生产是人类得以生存的前提。对于一个拥有全世界近1/5人口的大国，要用占全世界7%的耕地养活占全世界20%的人口，这不能不说是一个奇迹，然而这一现实就发生在我们的国家和我们的周围。可见农民这一职业，农业这一产业在我国的地位举足轻重。

第二，对本职业总体荣誉的关心。立足于社会、公众的立场并不等于放弃各个职业本身的特点和内在要求，恰恰相反，要在追求社会、公众利益的基础上，进一步追求本职工作的成就感，完善本职工作的各个环节，使之以更佳的形象、更高的效率展示在世人面前。国人经常引用法国名将拿破仑的名言，"不想当将军的士兵不是好士兵"。这一方面是鼓励人们要有远大抱负和志向，另一方面则警示人们若没有对军人这一职业的认同、崇敬，就既当不好士兵，也当不好将军。无数的士兵中只有少数佼佼者成为了将军，这些人除了骁勇、才智之外，还有一个共同之处就是具备视军人为天职的敬业奉献意识，可以想象，没有这样对本职工作的热爱，就不会关心它的社会声誉，也不会忍受长久平凡而寂寞的清苦生活，俗话说"吃得苦中苦，方为人上人"，没有脚踏实地的付出，没有对本职工作的苦心钻研、体会，你不会看到瑰丽的彩虹，也永远不能体会岗位成才所带来的喜悦。

敬业精神主要表现为从业人员个体的荣誉感、信念和良心，即通过长期、自觉的敬业实践，形成对本职工作的敬重，获得良好的职业品质。敬业精神还力主促成从业人员乐业勤业，并积极提高自己的业绩和技能。现代化建设需要各种先进科技和无数的人才。但人才并不仅仅指从事专业研究的人。科技人员无疑是人才，一大批各行各业的熟练劳动者，如技术工人、技术农民同样也是人才。事实上，现代化建设不但需要高级专家，而且迫切需要千百万受过良好职业培训的中初级技术人员和技工，没有这样一支劳动大军，再先进的技术和设备也无法被转化为现实的生产力。最重要的是，对本职工作的投入、负责、尽心的思想意识和行为习惯，这样的精神因素构成了高素质劳动者的重要方面。

【案例】

拒做高管做农民，爱农尚农楷模——魏晓明

——寒门学子，追梦田野

魏晓明出生在东北农村，作为农民的儿子，他对土地有着别样的情感。大学毕业后，魏晓明心无旁骛，一心想做一个农民，一个优秀的职业农民！

2009 年，他在东西湖区柏泉农场流转 300 亩土地，在当地政府的支持下，筹款建设特色农业园。平土地，开沟渠，铺道路，建大棚，正当魏晓明想大干一番的时候，却遭到了家人的强烈反对。

"什么？大学毕业的儿子要去种地！"父亲大发雷霆，甚至效仿电视剧里的人物，敲着盆子在村子中大喊："魏晓明去种地了，魏晓明去武汉种地了"！这位老农民靠种地培养出一个大学生，就是想让他不再当农民。

为此，魏晓明特意回到东北老家，经过半个月"思想工作"，才做通了父母的工作，并动员一家人从东北来到武汉，亲眼见证他的农业事业。

农业园建成运营的第一年，礼品西瓜亩产值达到 3.5 万元，这个收入比其他农户的收入高出 1 倍还要多。有了收入，让老父亲看到了希望，也让农户们看到了希望。

——脚丈市场，销售"突重围"

民以农为本，农以种为先。大学毕业之后，魏晓明筹借 4 万元钱，在一间 40 平米的门市阁楼里潜心研制出优质无籽西瓜新品种——黑冰 1 号，帮助湖北、湖南、江西、安徽等地的瓜农连年增产。

西瓜连年丰收，但并不是所有的年份都能赚钱。魏晓明在实践中发现：每当西瓜丰收，扎堆集中上市，"瓜贱伤农"的事件便时常发生。

"归根结底，还是农民的市场意识淡薄，在市场竞争中往往处于被动。"如何让农民增产又增收？魏晓明按捺不住了，他决心自己建试验田，由种植到销售，为农户提供一个较为通畅的平台，带领农户致富。

几年间，魏晓明累计为农户开展"无籽西瓜高产栽培技术讲座"1 800场次，受益人数达15万人次，黑冰系列无籽西瓜品种累计推广面积达到30万亩。

跑市场、探销路、联系客户……魏晓明的双腿跑遍了附近省市的水果市场，他将一条条信息带回田间，将一车车瓜果送出村外，间接为农户增收2.8亿多元。

其间，有知名外企以15万高薪请他去当高管，都被他坚定地拒绝了。他说："做一件事并不难，难的是用一生做好一件事。农民将是我这一生的职业"。

——深挖"附加值"，"货架"进田间

瓜地里摸爬滚打了十多年，足迹踏遍几个省，魏晓明感到：瓜果地里仍有巨大的"附加值"，可以深挖！"挖掘工具"便是近几年的"农业热词"：食品安全、生态农业、有机蔬菜、乡村游。

为提高农产品的安全性，让市民有偿吃到安全蔬菜的同时，增加农民的收入，他大刀阔斧地给基地动了一番"手术"。

为推行节水种植，他率先在园区安装自动智能滴管设备，并带动当地20 000多亩蔬菜基地安装并使用滴管设备；率先引进昆虫诱捕器等物理设备防治虫害，用熊蜂为作物授粉；采用"蚯蚓—土鸡—蔬菜"循环生产模式处理生产中的废物；采用立体栽培方式和空间防雾促生系统防治病害……一系列新科技运用在种植过程中，基地产品的品质在同行中独占鳌头。他的"黑冰牌"蔬菜一直供不应求，亩产值达到6万元以上。

2012年，他生产的蔬菜获得南京国环有机产品认证中心的有机认证，成为武汉市首家获得该机构认证的有机蔬菜基地。同年，魏晓明首创华中地区首家以有机蔬菜为主的"田间超市"，把"超市货架"搬到了田间地头，让消费者推着手推车在田间

"自选"消费。此举把乡村休闲、科普教育和有机蔬菜生产有机结合了起来。

"农民是最实在的，谁能让他们增加收入他就跟谁走。"这是魏晓明的总结。

目前，他公司和基地安置当地就业的农工138人，人均年收入达2.8万元以上，带动和辐射的农户2 508户，面积达2.9万亩，人均年增收1.3万元。核心农户有72户，户均收入15.8万元。

魏晓明说：中国是农业大国，职业农民不是一个人，是一群人，这群人的发展、壮大，才能撑起中国农业的腰杆，为此，我会用一生去奋斗！

——科技"大动作"，争做行业排头兵

在事业发展得如火如荼之际，魏晓明并没有满足，他开始谋求在农业科技方面的"大动作"——与高校合作搞农业科研，成为农业科技产学研的排头兵。

2012年，魏晓明投入1 000万元资金和江汉大学签订科研合作协议，借助高等院校的科研设备、人才等力量，从有机农业生产技术、有机基质研究、农业基地规划、豆类蔬菜品种开发、功能食品开发5个方面进行深入合作，成为全省为数不多，斥巨资开展产学研深度融合的民营企业，引起了省、市、区各级政府的重视。

把有机蔬菜生产技术及产品推广给农民，让农民能够在少污染环境的同时增加收入，一举两得。为此，魏晓明从南京农业大学聘请了一位农学博士，为农民提供系列的科研服务，为农业的安全生产和农产品的质量提高保驾护航。

虽然魏晓明平时很忙，但他仍坚持到田间地头。一次他路过一个蔬菜基地，遇上狂风暴雨，眼看农民的蔬菜大棚膜要被大风吹开，他赶紧跑过去帮助压膜。即将上市的蔬菜保住了，这时农民才发现光着脚的魏晓明，脸上已经分不清是汗水还是雨水。

2013 年，魏晓明领导的武汉市黑冰农产品专业合作社在东西湖区东山农场流转 800 亩土地，计划建设吉农高科技农业示范园区。该园区主要采用现代农业设施、设备，运用现代农业技术，探索"科研中心＋合作社＋家庭农场"的模式，旨在为农户提供先进的农业技术和农产品品牌及平台，让农民在无后顾之忧，最终达到增加收益的效果。该基地计划建设连栋温室 100 亩，单栋温室 700 亩，总投资 6 800 万元。

魏晓明的事迹成为新闻媒体关注的焦点。几年来，他相继被评为武汉市劳动模范、武汉市农村青年实用拔尖人才、湖北省十大青年创业人物、全国农村青年致富带头人等荣誉称号。

被迫做农民是无奈与艰辛，主动做农民是艰辛与创新，传承做农民将是创新与荣誉！

第三节　奉献精神

奉献精神，是一种忘我的、大公无私的精神。随着利益格局的调整和价值取向变化，我们对奉献精神的价值实质问题进行理性的重新思考具有重要的意义。人生的追求与崇尚，是以对社会贡献为标准的，奉献是衡量人生价值的具体体现。

奉献的形式及表现方式有不同的理解，但不论表现方式有多么不同，奉献精神是永恒的，奉献的价值是实质问题，因为人生价值有大小之别，只有为国家为人民多做贡献，人生才有价值，衡量人生的价值是以对社会贡献为标准的，人生价值在于贡献，而不在于索取。一个人对社会贡献越多，人生价值就越大。

建设新农村，需要爱岗敬业，无私奉献的精神。当前，建设"经济富强镇、民主法制镇、文明开放镇，社会和谐镇、'五好'党建镇"和"服务、便民、规范"这一新农村建设的奋斗目标，努力拼搏，集聚众志，集思广益，因地制宜，科学决策，推动着经济社会健康稳步发展，使经济薄弱、工业脆弱、民生贫弱的现状得到了逐步改善，实现了新一轮的历史跨越。在这种背景下，我们作为这个大家庭中的一员，没有任何借口，没有任何理由不扎扎实实做好本职工作。试问，在新农村建设的征途上，当你在工作中遇到困难和挫折的时候，是讨价还价，还是尽职尽责？是等待观望，半途而废，还是自我激励，攻坚克难？是牢骚满腹，怨天尤人，还是自我反省，厚积薄发？是喜欢拿着放大镜百般挑剔找外因，还是常常拿着显微镜自我剖析找内因？也许有人会说，人之初，性本惰，能修炼到默默奉献无怨无悔的境界，古往今来能有几人，新农村建设，需要我们几十年如一日任劳任怨、无私奉献、赤诚为民；需要我们用忠诚诠释共产党员国家公务员的先进性；需要我们用自己的真诚赢得了广大干群的衷心爱戴；需要我们用实际行动充分印证"老百姓在干部心中的分量有多重，干部在老百姓心中的分量就有多重"的深刻内涵；需要我们无私奉献，爱岗敬业，珍惜所从事的事业，努力完成本职工作。

"锄禾日当午，汗滴禾下土。谁知盘中餐，粒粒皆辛苦。"既体现了我国农民的"坚韧、朴实、勤劳"的品质，也是对历来我国农业生产的写照，不可否认我国的农业生产长久以来是辛苦的。同时，在现阶段，我国大部分农村的生活条件和城市也存在差距，大部分农民的本职收入也远低于城镇职工。但是，作为农民，我们要时时牢记农业生产是人类社会生存的基础。我国的农业更对我国社会的稳定运行具有举足轻重的作用。认真完成本职工作，多产粮食既是对国家的贡献，也能改善自己的生活。

【案例】

基层书记放弃百万年收入带领村民

致富10余年写17本民情日记

汪明如，男，张家港经济技术开发区农村工作局副局长、杨舍镇副镇长、赵庄社区党委书记。因病医治无效，于2014年12

月29日上午9时33分，不幸与世长辞，终年51岁。

2004年12月，他放下年收入近百万的生意摊子回到赵庄村工作时，村里负债980万元，是当时杨舍镇经济最穷、环境最乱、人心最散的行政村之一。从村主任到村书记，汪明如一干就是十个年头，他带领赵庄百姓抢抓城乡一体化的历史机遇，实现了村级经济的转型发展和持续发展，走上了富裕文明幸福和谐的康庄大道。

"决不能让赵庄村民一辈辈穷下去"

赵庄村是一个城中村，汪明如在这里出生，在这里长大。2004年，在外经商年薪百万的汪明如回村工作。当时，赵庄村负债980万元，人均耕地不足两分，是全镇最穷、环境最差、人心最散的行政村。"决不能让赵庄村民一辈辈穷下去。"经过无数次摸底调查，汪明如果断决策，抓住全国在张家港率先推进城乡一体建设的机遇，把村级经济发展重心从"村村冒烟"的小工业转向配套城区拓展的三产服务业。

城乡一体，农村变社区、农民转市民，面朝黄土背朝天的农民充满了顾虑和质疑。"当时明如面临巨大的心理压力，一边是多方奔走找资金、跑项目，盘活土地发展三产；一边是走家串户做村民思想工作，把民心安定下来。"妻子许淑英说，那段时间，丈夫几乎每天奔波到凌晨三四点，脚上磨出血泡也浑然不知。

呕心沥血的付出，赢得了百姓的信任。2008年，汪明如被推选为赵庄村党总支书记，"三产富村"的思路更加明晰。10年来，汪明如踏遍了赵庄村每一寸土地，开创了一个又一个先例。村民说，他像是一台永动机，有使不完的劲儿。靠着这股劲儿，赵庄村逐渐甩掉了贫穷的帽子，村里净资产增加到1.62亿元，2014年村民人均纯收入28 763元，老年人福利较10年前增长了15倍，百姓生活翻天覆地。

然而，病魔悄然来袭。2014年3月，汪明如被确诊为胃癌晚期。"与其躺着等死，不如用余下的生命做些新的尝试。"没有过多的消沉与悲伤，病榻上的他开始谋划赵庄村未来10年的发展规划。在一夜夜的沉思中，在那张窄窄的病床上，汪明如完成了生命中最后一份文件——《赵庄村未来十年发展规划》，描绘的是村兴民乐、共同富裕的美好蓝图。

"共产党人就是要为百姓谋幸福"

老百姓的钱袋子鼓起来了，汪明如将更多的精力用于提升村民的幸福感和满意度。"17户困难家庭要办低保、398名60周岁以上老人要村里支付参保、聋哑夫妇荣金荣又生病了，要给他们报销医疗费……"这样的民情日记，汪明如整整记了17本。

许淑英说，丈夫记不得自己的生日，也总忘了对家人的承诺，但赵庄村1152户人家4211名百姓的情况，他却一个不落地刻在脑海里。他总说，百姓百姓百条心，只有把百条心拧成一股绳，才能办好事情。

自打知道汪书记得了胃病，赵庄村老年过渡房里的老人每天争着煮白米粥，好让路过的汪书记暖暖胃。一碗粥，熬出的是老百姓和基层党员干部之间的亲密无间。70岁老人谭惠英说，在汪书记的帮助下，全村孤寡老人无偿住上了老年过渡房，每年能领到2 500元福利金，棋牌室、健身房的老年活动也开展得有声有色，老人们不仅生活无忧，精神也有了依托。

在汪明如当村支书的十年里，赵庄村没有一人上访，未发生一次聚众事件，还被评上了省级文明村。"共产党人就是要为百姓谋幸福，才能无愧于党性和良心，无愧于祖国和人民。"汪明如用一心只为百姓苦乐酸甜的真诚，在党和人民之间筑起了一条血脉相连的纽带。

"人生就该荡气回肠走一遭"

没时间去想生与死，汪明如开始和生命赛跑。无力下床，病榻上的汪明如就要求村干部每天向他汇报村里的情况，还常把工作写在纸条上，让前来探望的人带回去。

"皱巴巴的，上面都是他的汗。"去得最多的村干部邓敏毓，翻着带回来的大大小小的纸条，说自己好多次都想悄悄藏起床头的纸和笔，"汪书记连说话的力气都没有了，脸煞白，虚汗直流，着实让人心疼"。

许淑英说，这么多年来，她不只一次问丈夫，为什么这么拼，得到的总是那一句——"人生就该荡气回肠走一遭"。

这荡气回肠的生命，定格在了2014年的12月29日。

告别仪式上，许淑英泣不成声："村里年终总结大会没有开、年底村民还没分红、老党员还没去慰问、孤寡老人还没去探望。"这是丈夫临终前最后嘱托的四件事，与病魔苦苦抗争一年，他把工作延续到了生命的最后一刻，成为人们身边的焦裕禄。

"人心只一拳，留给百姓的多了，留给自己和家人的自然就会少。"在儿子汪洋心中，父亲是至高无上的精神雕像，"清清白白做人，踏踏实实做事，倾尽一生为民的情怀"是父亲留给他最宝贵的遗产。

自从回到故土，汪明如便再没走出去半步。

第四节　诚信精神

诚信是中国传统道德的重要范畴，也是社会主义市场经济建设过程中的重要道德。但是，传统的诚信和现代市场经济活动中的诚信有着形式和内容甚至精神实质的差别。现代市场经济的诚信是信用式的，传统的诚信是信任式的，它强调的是信于言、信于心和信于性，即尽言、尽心和尽性。

一、当代农民的诚信问题

现在一些农民富不起来的主要原因就是失信于政府得不到政策扶持、失信于银行得不到资金支持、失信于龙头企业得不到项目带动。农民诚信问题，已不仅仅是影响农民富得起来富不起来的问题，还是影响我国农村经济健康发展和社会和谐进步的大问题。

从现代社会来看，市场不仅仅表现为实际的买卖场所，更是一套法律规则和道德伦理体系，这些构成了市场经济的前提。现代制度实际上就是建立在诚信基础上的契约关系。有诺必践，违约必究，经济活动才能正常运转。信用度越高，经济运行就越顺畅；信用度越低，经济运行成本越高，诚信空气稀薄的社会环境甚至会让经济发展的活力窒息。

所以我们当代农民应该科学守信。讲科学、学技术，讲信用、求诚信；主动学习科学文化知识，积极参加专业技术培训，提高劳动技能和经营水平；做到善于思考，善于总结，善于行动；做老实人，说老实话，办老实事；用诚实劳动获取合法利益，以信立业，讲信誉、重合同、守诺言。

二、不讲求诚信的危害

个人交往中的不诚信损害了人际关系的和谐，无法建立良好的个人信誉，与旁人及社会的关系紧张、脱节，直接影响个人形象及发展。信是立身之本，更是立国之基。人之失信，害在几人；社会无信，人人自危。信用经济等不来，信用社会的建立也非一日之功。

2010年4月14日，温家宝总理在同国务院参事和中央文史研究馆馆员座谈时指出："近年来相继发生'毒奶粉''瘦肉精''地沟油''彩色馒头'等事件足以表明，诚信的缺失、道德的滑坡已经到了何等严重的地步。一个国家，如果没有国民素质的提高和道德的力量，绝不可能成为一个真正强大的国家、一个受人尊敬的国家。要在全社会大力加强道德文化建设，形成讲诚信、讲责任、讲良心的强大舆论氛围。诚实守信作为基本的公民道德规范，已经成为现代经济社会发展的一道底线，成为国家强盛、民族复兴的一块基石。"

只有讲求诚信，才可以引来企业，可以招来项目，可以发家致富。诚信是新型职业农民进入现代农业产业化过程、从事市场经济的重要一环，是新型职业农民的立身之本。

清镇市的两个诚信故事，拉开了贵州省诚信农民建设的序幕。

第一个故事，2004年，清镇市新店镇部分农民不讲诚信，致使农业产业化龙头企业大发公司伤心离开，转到该市百花湖乡发展养鸡产业。因为百花湖乡农民信守合同约定，企业发展壮大，农户收入增加，清镇市也因此成为贵阳最大的养鸡基地。

第二个故事，2006年，清镇市红枫湖镇右二村种植的小山椒品质好，重庆客商采取预付款的方式订购，村民在高价现款的诱惑面前，坚持履行合同，引来资金，重庆客商建起了辣椒基地2 000亩，每亩收入4 000元以上，现已成为贵阳市蔬菜外销的核心基地之一。

两件事在清镇市引发了强烈反响，清镇市委、市政府适时开展了诚信大讨论活动，引导农民提高认识，诚信可以引来企业，诚信可以招来项目，诚信可以发家致富，从而变"要我诚信"为"我要诚信"，焕发了农民群众参与诚信建设的积极性和主动性。

【案例】

诚信果农——胡殿文

胡殿文，男，54岁，平谷区刘家店镇寅洞村一名普通的果农。每当乡亲们称呼胡殿文"桃王"、"牛人"时，他的脸上总是露出幸福的笑容。之所以这样称呼他，是因为他种的桃口感好，价格高，客商"抢"着要。

2014年底，胡殿文一拢帐，6亩地的大桃收入18万元，收入超10万元已连续七八个年头了。他种的文化桃2009年摆上了国庆60周年的国宴，成为国家元首品尝的圣果、仙果；他与30个大桃收购商结成朋友，他种的大桃不出地头就被商贩"抢"购一空；22个农户与他结成经营联合体，在这个"牛人"人带动下，这个"小团体"捆绑销售，2011年所有成员大桃收入都超过了10万元大关。对于"以桃为生"的普普通通农民来讲，是件很幸福的事了。

说起大桃来，胡殿文信心十足，在大桃生产销售中，始终坚持一条原则，那就是"诚信厚道"，他做人诚信厚道，种桃树同样诚信厚道。

在果树生产上，采用果实套袋、糖醋诱虫、频振杀虫、不打除草剂等生物防治技术，更不使用高毒农药和除草剂，这样下来，用工增加了一倍多，一家两口起早贪黑、早出晚归的，将大部分时间都放在果实管理上，虽然累点、辛苦点，图的就是让消费者吃放心，让刘家店镇"蟠桃第一镇"这张名片远名国内外。

胡殿文在与邻里相处上，始终真诚相待，和睦相处，谁家有了大小事，他都会主动帮忙，提供方便。老胡常说："远亲不如近邻。邻里之间抬头不见低头见，我们邻里之间更多的是乐趣，亲如一家。"胡殿文的真诚得到了邻里的信任，他也被选为村民代表，并充分发挥村民代表的桥梁与纽带作用，经常听取和反映村民意见，回答村民的询问，积极协助村委会工作。

2012年，刘家店镇寅洞村作为全区果品机化种植示范基地，胡殿文积极响应村党支部、村委会的号召，并与村委会签订了责任书，按照要求全园实施阳光工程、沃土工程、大桃增甜工程、铺设反光膜技术、大桃有机化生产等八项关键技术，每一步都按照镇技术人员的要求实施。为了将这有机化示范基地建设好，他还当起了"宣传员""技术员"，在与村民聊天时，将果品有机化种植的好处向周围人说，有的果农拉枝、覆黑地膜等技术有偏差时，他都会面对面的传授、手把手地教。胡殿文以果农的身份向周围人宣传、讲解，让村民更信服，使得该村1 000亩果品有机化种植积极推进。

在果品销售中，客商要8两，胡殿文决不给7两9，要着全色的果，绝不给着多半色的果，桃品就是人品，他用责任感和良心换来了"一口价"市场，树起了"诚信"金字招牌。他的几亩地比周边果农，每亩高出 7 000 ~ 10 000 元，单果价钱高出 0.3 ~ 0.5 元。

近五年来，每到桃秋结束，客商总要摆上几桌款待他们，感谢每位供货桃农的诚信厚道，让收购商放心收桃赚钱。胡殿文总是说："互利双赢，我们都是沾了诚实守信的光了。我的儿女都考入了大学本科，现在女儿在北京任教，儿子还在念大学，家里的大瓦房焕然一新，而且在通州给儿子买上了楼房，大桃让我们全家人感受到了幸福。"

一个诚信大环境的创立，来自多方面的努力。镇、村、农、商以诚信为经纬，让诚信编成笆，结成网，才会形成共进的整体，才能让桃树变为果农的"摇钱树"。

胡殿文诚信经营，厚道对人，带动了全村果品品质的提升和全村百姓的增收致富。由于桃子卖得好，寅洞这个山区小村的村民，年人均收入已经达到 13 000 元，经济的发展也促进了寅洞村民精神面貌的提升，每天晚上公园里的老年秧歌队、小型文艺演出丰富着村民的精神生活，邻里互帮互助、家庭和睦和谐的气氛也更加浓厚。

现在全镇正在开展"诚信村，厚德果，幸福人"创建活动，做诚信的村民，种厚德的果品，全镇果农尝到了桃子带来的幸福。

http：//www. wenming. cn/sbhr_ pd/

【思考题】

1. 简述爱国、尚农精神的内涵。

2. 简述奉献、诚信精神的内涵。

第五章　提高科技水平

学习目标:

通过学习，深入了解提高农民科技素质的重要意义及途径，大力发展农村教育事业的重要性和紧迫感。

第一节　提高农民科技素质的重要意义

一、我国农民科技素质的现状

根据中国科学技术协会多次对我国公众素质进行的调查显示，农民的素质水平不高，甚至可以说很低，造成农民素质低下的原因是多方面的，不仅有农民自身的内在原因也有外部历史文化、地理环境等原因。影响农民科学水平的内在原因，最主要的在于农民的文化水平不高，并且由于自身认识的局限，农民缺乏学习科学知识的习惯；外在原因则更为复杂些，农村的地理位置偏远，经济发展水平不高，一些农民一生都忙活于自己的"一亩三分地"，目光所及最远也不过大山背后的小县城，外界的高科技对于他们来说神秘莫测，也难以企及，农村科学普及和科学教育严重不足，这不仅局限了农民的认识，也影响了其接触科技知识的积极性。

在现有的文献和资料中，对于评价农民素质水平的指标有很多，但这些指标中所体现都是科学技术在农业生产生活的体现度。我国的农业的科技进步还是比较迅速的，同时也形成一定的农业技术进步的道路导向，但是，在整体农业中，农业科技创新体系的建设，农业技术推广体系的建设，农业教育培训体系建设存在着发展和环节联合点等各个方面的现实问题。

总体而言，我国农民素质的现状可总结为以下几点。

（一）科技文化水平普遍偏低

改革开放以来，特别是 20 世纪 80 年代以后，全国的扫盲工作取得了巨大的成绩，农村劳动力的文化程度也得到了很大提高，已经由小学文化为主转变为以初中文化为主。但这与经济发展所要求的水平仍有差距。2008 年，我国农民人均受教育时间为7.8 年，依旧偏低。我国的地域发展不均衡，造成了教育资源分配的不均衡。经济发达地区往往能够获得更多的优质教育资源，欠发达地区则教育资源匮乏。农民的文化水平差异大体与我国的区域经济发展水平相一致。

（二）农业科技的投入与转化不足

一直以来，我国的农业科技奉行的都是政府投入的原则，虽然近几十年国家一直在加大投入并且产生了明显的效果，但是，与发达国家还有显著差距，和我国农业大国的地位也极不相称，同时，我国现有农业科技成果的转化率也存在不足。所以，单靠政府投入的模式难以支撑起全国农业科技的发展。

我国农民享有的科技资源偏低，无法有效提升科技素质，更加无法迅速将科技转化为生产力来提高效益。

（三）专业培训不足

要建设社会主义新农村，农民必须学会先进的经营管理模式，而这些都有赖于专业的培训来实现。近年来，我国开展了大量的专业技能培训，使得许多农民有了一技之长，促使超过农村总量 1/3 的劳动力进入城市务工，提高了农民收入。但是，由于农村劳动力的转移，农村的生产环境进一步恶化，劳动力进一步减少。要建设社会主义新农村，改变城乡二元结构，就必须对农村剩余的劳动力进行培训，使得农村可以留住人才，实现科技致富。

但是目前，相关的培训依然很不完善，大量的青年劳动力依旧外流，使得新农村建设缺乏人力资源，而选择回乡创业的大量农民工由于无法得到科学的支持以及经验管理方面的指导，大多从事着低层次、低附加值、粗放型的产业，难以获得发展。由于每年返回农村的毕业生在校期间没有系统学习过农业生产知识和技术，面对新型的科技农业也相当的陌生。

（四）农业科学技术知识缺乏，科学技术水平偏低

在农业生产中，农民群众主要依靠长辈们言传身教来获得技术，大部分农民没有接受过系统的农业技术教育和职业培训，其不足表现如下。

（1）引进先进的生产设备：如收割机、犁田机等。但是，由于农民对于农业技术知识缺乏，使用以及维修这些先进机器需要耗费大量的时间，不仅资源浪费，而且大大降低了农业生产效率。

（2）农作物种植时间分配、种植密度、施肥数量、除病周期及药剂分量等都不够科学：虽较以前农作物产量大大提升，但是目前实际产量与利用农业技术培植的农作物的产量还是偏低，产量提升空间依旧比较大。

（3）农业养殖技术没有引进与落实，包括渔业养殖、畜牧业养殖：饲料的生产与引进给养殖业带注入了新的活力，但是目前农村出现的猪瘟、鸡瘟、狂犬病等病毒蔓延依旧没有得到重视与防范，农民群体在"大风波"中依旧是损失最重的受害群体。

（4）农民群众对于农业科技的认知接受能力也较弱，大多数农民对于农业新技术、新产品表现出消极观望的态度，能看懂农业科技知识的很少，很难掌握要领。

（五）经营素质欠缺与传统经济模式的制约

近年来，各地反复出现农产品卖难现象，大蒜滞销、土豆烂在地里、香蕉用来喂猪，农民损失惨重，也让许多关心农民利益的人为之焦急。媒体奔走呼号、政府组织对接促销、专家学者献

计献策。政府的努力、网友的热心、超市的对接固然可以缓解燃眉之急，但治标不治本，不可能从根本上解决未来遇到的类似问题。不知症结何在？

市场经济要求摆脱"政府万能"情结，急切呼唤农民自身经营管理素质的提高。在从传统农业向现代农业转变的过程中，要促进农业生产结构的调整和农民收入的增加，就需要提高农民的经营管理素质。具体而言，就是要懂得价值规律、供求规律、竞争规律、平均利润率等市场经济的一般规律，懂得市场经济配置资源的方式和机制，自觉地按照市场的需求来配置农业资源，开展农业生产活动，以取得最大的经济效益。还要了解企业管理、市场营销等方面的知识，懂得现代企业管理的一般规律，懂得市场营销的基本原理和基本知识，熟悉市场、产品开发、价格制定、制作广告、国际市场等各个方面的营销技术和策略，建立完善的国内外相互联系的农副产品市场营销体系，加快农业资本周转，以获得利润的最大化。

近年来，经常提到新型职业农民经营管理素质这一概念，我们应该怎样理解呢？

新型职业农民经营管理素质是指新型职业农民根据市场需求变化来合理组织、控制农业生产的能力，包括农业生产知识的掌握程度、农业技术的应用水平和采用能力、农产品市场的适应能力等方面。经营管理是社会化生产劳动的产物，社会分工越精细，商品化生产程度越高，市场经济越发达，越需要加强经济管理。一般来说，农民的科技知识越多，接受和掌握先进技术的意愿、能力就越强，劳动能力、劳动效率和劳动收入就越高，认识世界和改造世界的能力就越强。农民的经营管理知识越丰富，参与市场竞争的意识就越高，进行规模化、专业化生产经营的能力就越强，增加收入的渠道就越广。

（六）社会心理素质脆弱与传统思想文化的羁绊

社会是一个渐进演化的过程。目前，农民心理素质与新农村精神文明建设要求还有明显的差距。一是依附性强，主体意识缺失。在传统宗法意识和裙带关系远未消解的情况下，对等级的敬畏心理和对权威的崇拜意识，严重遏止了人性自我解放和主体意识的确立。二是因循守旧，心理素质脆弱。养成了安分守己、消极无为的落后心理，形成了封闭、保守、狭隘、自私的"农民意识"，严重限制了他们修身养性、调理情志、开拓生活、参与社会、积极进取视野的拓展和活力的迸发。

思想文化的影响是长期深刻、潜移默化的。历史上长期存在的随遇而安世界观、功利主义价值观、重农抑商生产观、温饱第一生活观、平均主义分配观、盲目迷信文化观、终守故土乡土观、重男轻女生育观等，对农民心理的影响依然根深蒂固，是制约农民心理素质提高的深层原因。

（七）文明素质滞后与封建残余的侵蚀

当前，我国农民道德文明素质与建设"乡风文明、村容整洁"新农村的要求总体还不相适应。一是观念缺失。道德文明意识较薄弱，公民意识、法制观念和现代意识都较欠缺，总体处在较低的水平。二是思想失衡。重经济而轻道德，是一个较普遍的社会现象。三是道德失范。进入市场经济，在多元文化思潮的冲击影响下，原有的价值体系被打破，新的体系处于历史转型重建之中，道德意识和行为规范产生困惑与冲突，功利主义、个人主义价值观抬头，爱国主义、集体主义和社会责任感淡薄，对农村精神文明建设造成了不利影响。

（八）农业推广体系不完备，科技成果的转化率过低

农业科技创新体系的发展与农业推广体系之间存在的严重脱节。农业技术成果的转化率过低限制了农民科技素质的提高。

从以上可以看出，整体而言，我国农民科技素质在当前还是不容乐观的。政府及相关部门必须及时建立完备的提高农民教育素质的措施，从而提高农民接受新技术的程度，提高农业生产中

科学技术的含量，建立完备的多元化的科技投入体系，加强基层和农村科技人才的培训。

二、提高农民科技素质的重要意义

建设社会主义新农村是我国现代化建设进程中的重大任务。需要培养"有文化、懂技术、会经营的新型农民"，需要培养造就千千万万高素质的新型农民。因此，农民科技素质的高低直接影响着科学技术在生产上的有效发挥，直接决定农业生产力的发展水平，而且决定着建设社会主义新农村的进程。因此，提高农民科技素质，是实施农村人力资源的开发、提高农村人力资源的科技文化素质、实现我国农村人力资源的优化配置、适应社会主义新农村建设的需要。

（一）提高农民科技文化素质是实施"科教兴农"战略和新农村建设的必然要求

"科教兴农"的核心是依靠科技发展农村经济，加强教育培训，全面提高农民的科技文化素质，农民是社会主义新农村建设的主体，没有高素质的农民就难以进行新农村建设，没有农民素质的现代化就没有农业和农村的现代化，农民科学技术素质的高低也决定着技术应用的推广和水平，只有较高素质的农民才能学习新技术、掌握新技能，促进农业科技成果迅速普及推广和转化，推动农村经济社会的快速、健康、持续发展。

（二）提高农民科技素质是增强我国农业国际竞争力的迫切要求

国际竞争的实质是科技的竞争，但归根结底是人才的竞争。农业发展依靠科技进步已成为全世界人民的共识，农业技术的作用发挥最终都要依靠农民。目前我国农村劳动力素质显著低于西方发达国家，知识差距，人才差距已成为我国农业国际竞争力不强的主要因素。因此，我国农业要应对加入"WTO"所带来的严峻挑战，提高农民科技素质就显得越发重要和必要。

（三）提高农民科技素质是建设现代农业的需要

发展现代农业是社会主义新农村建设的首要任务。现代农业的核心是科学化，现代农业依靠的是科学技术进步，科学技术进步有效地促进了农业生产能力和生产效率的快速提高，以及促使农村经济水平的大幅度提升。现代农业的目标是产业化。农业生产链向产前产后延伸，这样就形成比较好的整体式产业链条，从而打破了传统的生产模式，走向生产集约化、专业化、产业化、科学化的轨道。因此，需要具有科学的管理理念、采用先进的管理技术和经营方式来组织生产。而且，现代农业具有"高投入、高产出"的本质特点。

我国正处在从传统农业向现代农业转变的重要时期，科学技术正在不断地应用于农业生产之中，科技成果的转化最终需要通过农民吸收消化才能更好地运用于生产建设之中，从而有效地推进机械化、信息化、农业综合生产能力水平等方面的快速提升。因此，必然需要具备较高的科技素质、具备掌握大量的科技知识和技能的新型农民；需要培养一大批适应现代化农业生产的新型农民，进而提高我国农业以及农产品的国际竞争力。因而建设现代农业需要较高素质的农民。

（四）提高农民科技素质是实现农村"三化"的需要

改变农村经济发展滞后的状况，统筹城乡经济社会发展，推进农村工业化、城镇化、农业产业化，建设社会主义新农村，是由传统农业经济向现代农业经济转变；由传统的乡村社会向现代的城市社会转变；由传统农业向现代农业转变。由于现代农业的发展，农业生产效率的大幅度提高，必将解放出大量的劳动力，而农村剩余劳动力就需要向非农产业转移，要向第二、第三产业转移。同时，新农村的建设，为第二、第三产业的发展创造了良好的机遇，为农村剩余劳动力转移创造了就业机会，拓宽了农民就业的空间。随着城乡经济社会发展的需要，对农村劳动力的素质提出了更高的、新的要求。因此，提高农民科技素质，是有效实施农村人力资源开发、将农村人口压力转变为巨大的人力资源优势、实现农村人力资源的优化配置、推进城乡经济社会的协调发展的重要举措。

（五）提高农民科技素质是促进农民增收的重要途径

农民增收是农村经济发展的基础，是解决"三农"问题的关键，是社会主义新农村建设的一项重要任务。农业综合生产能力大幅度的提升，农业生产专业化、规模化、科学化，提高了生产效率，推进了农村工业化和城镇化的建设，促进了农村剩余劳动力转移，从而给农民提供了更多的就业机会；同时，拓宽了农民的增收渠道。能较好地掌握科技知识和技能且运用于生产之中，使之转化为现实生产力，直接与农民科技素质的高低有关，其掌握和运用科技能力的强弱，直接影响着经济的发展和农民收入的水平。科技素质较高、具备职业技能的农民，具有顺利转岗就业的优势，在转岗就业中比较容易实现从事高层次产业且收入较高的工作。促进农民增收是一个根本的问题。因此，必须通过提高农民科技素质，增强他们创业和就业的能力，这是有效促进农民增收致富的重要途径。

（六）农民是新农村建设的主体

农民是新农村建设的真正参与者和受益者，是社会主义新农村建设的主体。如果没有广大农民的参与实践，新农村建设就无从谈起。

农民是农业科学技术转化的载体，农业科技成果要转化为现实生产力，最终是靠农民的掌握而且运用于生产实践之中。因此，农民科技素质的高低，严重制约着科技成果的转化程度，决定着现代农业发展和社会主义新农村建设的速度和质量，必须培养造就一大批具备高素质的新型农民。

第二节　如何提高农民科技素质

建立和健全农村市场经济体系，提高农民参与市场经济的素质是我国农业现代化建设的重要组成部分。因此，必须破除小农意识，培育农民市场参与意识，引导农业和农民走向市场，实现农业和农民与市场的充分结合，促进农民致富和农村经济发展。在实际生活中，要有效的提高农民经营管理素质应该采取措施有以下几项。

一、普及经营管理知识，培育农民市场竞争意识

经营管理知识是从事经营活动的基础。依托"新型职业农民创业培植工程""星火科技培训专项行动"等几大工程，加强对农民进行社会主义市场经济理论培训，使广大农民懂得价值规律、供求规律、竞争规律、平均利润率等市场经济的一般规律，懂得市场经济配置资源的方式和机制，自觉地按照市场的需求来配置农业资源，开展农业生产活动，以取得最大的经济效益。进行企业管理、市场营销等方面的知识培训，使农民懂得现代企业管理的一般规律，懂得市场营销的基本原理和基本知识，熟悉市场、产品开发、价格制定、制作广告、国际市场等各个方面的营销技术和策略，从而造就一大批进行规模化和专业化生产经营的农场主和农民企业家，加速农业向市场经济转化，建立完善的国内外相互联系的农副产品市场营销体系，加快农业资本周转，以获得利润的最大化，促进农业生产结构的调整和农民收入的增加。

二、发挥媒体在经营管理中的作用，保证各种信息畅通

由于在信息传递过程中，媒体具有传递速度快、传播内容多、形式丰富等特点，使得媒体在农民的经营管理中尤其是生产

销售中，起着非常重要的作用。但是目前，媒体在新农村建设中并未发挥其应有的作用。农民接收信息渠道的有限性以及信息内容远离农村社会现实的无针对性，制约着社会主义新农村建设的进程。因此，要改变这种状况，必须通过多种方式拓宽农民接受信息的渠道。电视是农民接触最多的媒介，要着重提高农村的广播电视覆盖率，延长广播电视中经营管理节目的时间。除电视外，还可以充分发挥报纸、广播、互联网等媒介在农产品的销售、农业生产资料的购买上的作用。其次，媒体传播的内容要和农村实际接轨。从价值规律到农业经营管理的一般知识，从农业生产资料的供应到农产品的销售价格等，都应采取农民喜闻乐见的形式，以通俗的形式加以传播宣传，真正做到从农村、农民的需求出发，做到为"三农"服务。再次，政府在财政上要给予农民以获得信息的必要支持。目前，还有一部分边远农村地区收到电视节目很少，即便是在东部发达地区，有线电视也只是普及到县一级。这种情况制约着农民获得的信息，影响着其生产经营水平。

三、支持农业合作组织发展，充分发挥农民经纪人的中介作用

由于农民组织的缺位，使得农民在与地方官员的博弈中处于弱势。尤其在国际贸易争端中，代表农民进行谈判的通常是农民自己的组织。我国农民由于缺少自己的组织，以个人的力量很难在国际竞争中站稳脚跟，往往被斥之为倾销者。当前，现有的农村基层组织在协调管理职能和维护农民利益方面存在困难，是产生诸多问题的原因。提高农民的组织化水平，能够增强农业综合生产能力和市场竞争能力。农民通过专业合作组织进入市场，根据合作组织反馈的市场信息，及时调整、种植适销对路的农产品，可以帮助会员与加工企业建立比较稳定的产销关系，广泛占领市场。采取立法方式对农民合作组织给予支持，由于现行法律

法规对农民合作组织的法律地位没有给予充分肯定，因此必须从法律上明确农民协会的地位。制定扶持政策对各种形式的农业合作组织形式进行必要的帮助和支持。此外，政府还要通过制定各种优惠政策，对市场经济发展实行倾斜，进一步促进社会分工，鼓励农民发展商品生产，积极培育市场主体。

【思考题】

1. 简述提高农民科技素质的重要意义。
2. 简述提高农民科技素质的途径。

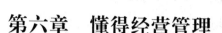

第六章　懂得经营管理

学习目标：

通过学习，深入了解农民经营管理的含义和提高经营管理素质的措施。

第一节　经营管理的基本含义

一、经营管理的含义

传统意义上的经营管理，一般是针对企业而言。

经营管理是指对企业整个生产经营活动进行决策，计划、组织、控制、协调，并对企业成员进行激励，以实现其任务和目标一系列工作的总称。

但对农民、农村、农业而言，经营管理又有其独特的含义。

经营主要是指农产品的生产筹划、盘算和营销过程，生产过程管理加上产品营销全过程的管理，称为经营管理。

经营管理是社会化生产劳动的产物，社会分工越精细，商品化生产程度越高，市场经济越发达，越需要加强经济管理。一般来说，农民的科技知识越多，接受和掌握先进技术的意愿、能力就越强，劳动能力、劳动效率和劳动收入就越高，认识世界和改造世界的能力就越强。农民的经营管理知识越丰富，参与市场竞争的意识就越高，进行规模化、专业化生产经营的能力就越强，增加收入的渠道就越广。

二、新型职业农民应具备的经营管理意识

新型职业农民的经营管理意识是其经营管理素质的精神实

质，主要体现为以下5方面意识。

(一) 市场意识

新型职业农民必须具有市场意识，善于围绕市场需求组织生产，而不是困守在自己的"一亩三分地"上，日出而作，日落而息。而要将目光紧盯市场，要善于研究市场需求，善于捕捉市场机会，根据市场需求决定生产什么，生产多少，如何组织生产。

(二) 信息意识

新型职业农民必须要善于在瞬息万变的市场环境中捕捉各种有价值的信息，抢占市场的先机，从而掌握生产经营的主动权。在市场经济环境下，信息是一种关键性的资源，对信息掌握的程度是获取市场机会的决定性因素。这要求农民通过多种渠道，采取多种方式，主动深入研究市场，搜集信息并分析信息，在对信息充分了解的基础上，做出生产经营的决策。

(三) 创新意识

创新是永葆市场主体生命力的能量之源，离开了创新，任何产品都将在激烈的市场竞争中被淘汰。而在产品设计或产品销售方面的创新，则往往能够为产品拓展市场带来意想不到的收益，大大增加产品的竞争力。例如现在风行于农村的"冬暖式大棚蔬菜"生产，其实就是山东部分农民创新生产思路的产物，他们借助科技力量，采取新的生产方式，在冬季生产新鲜蔬菜供应市场，大大提高了蔬菜生产的收益率。

(四) 质量意识

在市场经济条件下，由于各种消费品都极大丰富，质量便成为特定产品和服务是否具有生命力的核心因素。农民不论是生产农产品，还是从事其他行业的工作，都必须追求质量，唯有如此才能赢得顾客，获得持续增收的机会。否则，若经常生产劣质产品，不但自己的收入上不去，而且将严重挫伤生产的积极性。

（五）竞争意识

任何等待、依赖、消极回避的心态，都将损害市场主体的竞争力。对于农民而言，也要遵循市场机制作用的原理。农民只有培养起竞争意识，积极主动参与竞争，寻找机会，承担责任，才能在激烈的市场竞争中立于不败之地。而过去那种怕出头，怕担责任，固守家园不出门的农民，无疑难以在市场竞争中有出头之日。

三、新时期农民懂经营管理的必要性

在市场经济快速发展的今天，农业面临的市场经济的压力很大，农民不仅要按照市场上传统的需求来确定生产的农产品品种，而且还要根据消费者不同时期口味、时尚和健康需求的变化、不断的调整种植品种，使之能应时、高产、低耗的产出市场需要的优质农产品。

（一）科学的经营管理可调整农业生产结构，增加农民收入

如今，市场经济要求摆脱"政府万能"情结，急切呼唤农民自身经营管理素质的提高。在从传统农业向现代农业转变的过程中，要促进农业生产结构的调整和农民收入的增加，就需要提高农民的经营管理素质。

具体而言，就是要懂得价值规律、供求规律、竞争规律、平均利润率等市场经济的一般规律，懂得市场经济配置资源的方式和机制，自觉地按照市场的需求来配置农业资源，开展农业生产活动，以取得最大的经济效益。还要了解企业管理、市场营销等方面的知识，懂得现代企业管理的一般规律，懂得市场营销的基本原理和基本知识，熟悉市场、产品开发、价格制定、制作广告、国际市场等各个方面的营销技术和策略，建立完善的国内外相互联系的农副产品市场营销体系，加快农业资本周转，以获得利润的最大化。

新型职业农民不仅要学会经常调整农产品生产的技能，还要学会当商人，学经商之道。特别是要学会闯市场，把辛辛苦苦生产出来的农产品，用最简捷的方式推向市场，并能卖个好价钱。

可能是受无商不奸的传统观念的影响和束缚，老实巴交的农民对商人并不十分尊崇，甚至还羞于言商。但是，现实中农产品销售又绕不过去商业流通这个门槛，所以农民又需要懂得经商的技能。目前，对多数农民来说，在农产品的生产环节上得心应手，但是销售环节却有些生疏。从而使得商贩有了用武之处，商贩们利用他们掌握较多市场信息的优势，压低农产品收购价，使本应该农民所得的利润，流到了商贩手里。

为了鼓励和引导农民闯市场，增加农民收入，国家和地方政府近两年多次出台政策，解决这个问题。特别是 2007 年国家颁布了《农民专业合作社法》，相关部门也要求和鼓励农民成立农民专业合作社。其目的就是鼓励农民直接走向市场，避免农产品流通中间环节的价格被盘剥，既能增加农民收入，又能是农民的生产经营活动同市场紧密相连。

(二) 经营管理素质低制约着现代农业经营理念和管理水平的提高

现代农业的发展需要现代经营理念的引领。进入 21 世纪，尤其是加入 WTO 后，农产品市场的国际化使得农产品竞争更加激烈。一方面，国外大批优质低价农产品进入我国，挤占国内农产品的市场份额；另一方面，由于农产品国际市场竞争激烈程度的加剧，各国都加强了对农产品贸易的保护，使得中国农产品出口面临更大的挑战。要想保持并提高中国农产品在国内国际市场上的竞争地位，就必须有相应的现代经营理念和管理水平，然而，现阶段受文化和科技素质低下的影响，中国农民的经营管理理念陈旧，管理水平低，绝大多数农民尤其是边远贫穷地区农民对市场经济变化的敏感程度较差，市场竞争意识和营销意识淡薄，阻碍着传统农业向现代农业转化的进程。

四、现代农业企业的经营管理

现代农业企业要实现种养加、产供销、贸工农一体化发展，应采取以下经营管理模式，以实现产业的规模化，商品的标志化，效益的最大化？。

（一）加强企业种植基地的建设，实行土地集约管理、机械化耕种，提高劳动效率，实现企业的规模化发展

现代农业企业应打破传统的土地分散管理，将农民部分土地流转到企业来，实现农场化，机械化、科学化的耕种模式，实现"一村一品"，让农民成为企业的产业工人，享受收益和各种福利待遇，这样不仅大大提高企业劳动效率，农民收入有保障，同时可以解决农民卖粮难问题，粮食安全问题，实现现代农业的规模化发展，保证企业原料供应，从而降低企业经营风险。

（二）实现粮食初加工和深加工，提高粮食附加值，形成产业链条，提高企业核心竞争力

粮食初、深加工是企业提高产品附加值，形成企业产业链条，提升企业产品市场占有率和市场竞争力的有效途径，是企业的核心竞争力的具体表现，是企业可持续快速发展的战略目标，是企业实现企业经营化、规模化、产业化，市场化、品牌化、社会化、效益化的有效保障。

（三）运营现代新技术，不断扩大企业营销网络，实现经济效益的最大化

当今世界已逐步走向全球一体化，新技术应用已打破传统的营销手段，企业应建立自己的电子商务平台，面向全国乃至与世界发布企业及产品信息，拉近企业与客户之间的距离，实现企业与客户的互动交流、网上订购、网上结算，高效快捷的物流配送，逐渐形成企业的固定客户，实现企业效益的最大化。

（四）建立企业内控管理机制，实现规范化管理，提升企业管理水平，向管理要效益

中国的农业企业规模化发展的时间较短，管理农业企业的经验不足，管理手段落后，内控机制不健全，缺乏规范化管理，企业核心竞争力较弱，管理人才短缺，经营管理方式方法简单弊病很多，某种程度制约了企业的发展，因此，要实现农业企业的现代化，必须建立完善的企业内控管理机制，即组织架构、业务流程、企业种植、加工、销售的内控管理、财务管理制度、企业会计核算制度、企业筹资、投资、项目建设等制度、企业人力资源管理、企业绩效管理、企业信息化管理、企业文化建设、企业战略发展等。只有这样才提升企业管理水平，规范企业经营行为，打造现代农业企业，实现农业企业的健康有序可持续发展。

五、现代农业的新型经营模式

随着市场经济的发展，目前，我国农村一些深层次矛盾和问题日渐暴露，农村土地承包经营制面临着公司经营业主化、内部产权明晰化、分工细密专业化、风险投资市场化、家庭福利社会化等诸多挑战，迫切要求进行以农民土地持有产权为纽带的现代农业经营制度创新，有效地配置土地资源、劳动力、技术、资金等生产要素，以提高农产品的商品率与土地经营规模报酬，实现农业现代化。现代农业新型经营模式包括下面5种类型。

1. 自主经营型

自主经营型一般包括农业大户、家庭农场和生产型合作社，土地使用权由农民承包和流转获得，农业设施自建，自主经营，自产自销，自负盈亏。这类模式中，农民掌握生产经营的主动权，投资成本较高，而且市场、技术的风险很大，面临人才、资金、管理三大瓶颈，特别缺乏"能人"带动。

2. 雇佣经营型

雇佣经营一般指农业企业通过土地流转获得土地使用权，投资建设基础设施和农业设施；自主经营决策，产品统一品牌、包装，自建销售渠道；农民被雇佣参与农业生产，获得工资报酬。这种模式中，农民成为农业产业工人，企业投资成本巨大，土地、技术、资金、管理、劳动力、市场、人力资本的压力都非常大，同时雇佣工人的劳动生产率低下问题一直难以解决，目前，中层管理人才和中坚技术人才的缺乏也是农业企业面临的较大问题。

3. 租赁经营型

租赁经营一般由政府或农业企业通过土地流转获得土地使用权，投资建设基础设施和农业设施；投资主体不进行生产和经营，只是将建成的农业设施（如大棚、养殖场等）出租给农民生产和经营，通过收取租金回收成本和产生效益；农民承租农业设施，缴纳租金，自主经营、自负盈亏。这种模式中，农民掌握部分生产经营的主动权，承担一定风险；投资主体投资成本巨大，但是风险由农民部分承担，投资回收期较长；政府作为投资主体建设，是推进区域农业产业化、规模化、设施化较好的途径。

4. 承包经营型

承包经营一般指农业企业提供种子、化肥、农药等生产资料，提供技术指导和生产规程或标准，将劳动外包给农民（如需设施由农民自建）并回收产品的模式。这种模式中，农民保留土地使用权，只提供劳动，无需承担风险，农民基本不掌握生产经营的主动权，可以理解为农业产业工人的一种形式；农业企业一般有较好的品牌和市场占有率，销售渠道畅通；企业的投入主要是生产资料，承担市场、技术等的风险，同时面临着对农产品质量难以控制、农民违约转卖产品的巨大压力。

5. 订单生产型

订单生产一般由农业企业下生产订单，交付一些定金，农民承接农业生产的整个过程（设施由农民自建），产品由企业收购。

这种模式中，农民保留土地使用权，农民基本不掌握生产经营的主动权，承担企业违约的风险；农业企业自主加工、经营、销售农产品或接受订单，企业的投入主要是定金，承担市场风险或转移风险，同时面临着对农产品质量难以控制、农民违约、买方违约的问题。近些年，出现的CSA（社区支持农业，Community Support Agriculture）也可以归类为订单模式。在有些区域，这些模式不是单一出现的，而是组合出现的。这些模式各具优势，在现代农业建设中起到了巨大的推动作用。

通过分析上述5种现代农业中常见的新型经营模式，我们发现，土地使用权、设施建设、农民自主性、劳动力关系、产品去向、风险承担等是各模式的主要要素。按照类型和要素列表重新排序后，我们发现，对于企业来说，劳动力关系与风险承担正相关；对于农民来说，劳动力关系与风险承担负相关。这就是说，劳动力关系越紧密，农民承担的风险越低，企业承担的风险越高。

【案例】

发展现代农业，实现农业增效、农民增收

谷里现代农业示范园位于江苏省南京市江宁区谷里街道，2007年开始建设。园区先后获"南京市现代农业园"及"省级高效园艺示范创建园区"称号，被评为全市重点现代农业示范园区和无公害农产品基地，累计获得国家级无公害农产品认证6个、绿色食品8个、有机食品12个，成为南京最大的绿色蔬菜生产基地。目前，该园区核心区面积已达到22 000亩，其中设施蔬菜面积达到12 000亩，高标准良田8 000亩，年总产值超过2.64亿元，利润达12 600万元，设施蔬菜平均亩效益9 800元，谷里农民人均纯收入超过18 000元。该园带动农民增收的效果非常明显，农民收入每年平均以18%的速度递增，其具体做法有以下几个方面。

1. 成立农业发展公司

从 2007 年起，谷里街道转变发展思路，探索新型的农业经营模式，以政府为主导成立谷里农业发展公司。目前，公司注册资金已达到 3 500 万元，年底将进一步增资到 5 000 万元，公司下设五部一室（即办公室、财务部、农业部、林业部、工程部、招商部）和四个子公司（南京靓绿农副产品开发有限公司、南京靓绿园林绿化有限公司、南京靓绿水利工程建设有限公司、谷里风波茶叶有限公司）。2011 年，公司被市政府评为市级农业龙头企业。在园区管理办公室的领导下，该园通过公司化运作，广泛采取合作招商方式，全面推进园区各项建设。

2. 土地统一流转

为使农民增收得到持续可靠保障，街道以社区为单位积极探索，成立了农民增收土地股份合作社，对入股农户实行"保底分红"，农民土地流转收益每年以 12% 的速度递增。

3. 设施统一建设

园区土地由几家分公司分别承担土地平整、水利、道路、绿化和设施大棚等建设，实现"八通一平"。集中新建连片钢架大棚达 8 000 亩，建成华东地区单体面积最大的有机叶菜防虫网 200 亩，陆续建成 10 000 立方米连栋温室育苗中心、1 000 立方米蔬菜保鲜冷库和包装配送中心以及农资连锁超市，建立完备的蔬菜田头生产电子档案和质量安全可追溯体系。

4. 设施分租

为提高效益和运作水平，街道将示范区内的所有设施大棚分租给 80 余户农户承包种植，其中本地农户占 1/3，街道靓绿公司负责引种示范、繁育种苗、技术指导及农产品销售等环节的全程服务。

5. 农民多种选择

土地流转后，该区域农民可以有多种选择，收入渠道也相应增加。农民可以选择租赁设施大棚种植，土地流转收益和租赁补贴可以抵消租金，经营风险大大降低；农民可以选择为农业企业雇佣，获得工资收入；农民也可以选择参加园区子公司提供其他工作；农民更可以自己成立农业公司或合作社，承包租赁大量设施大棚生产经营。在基础设施、农业设施齐备，产业化成熟的园区，农民没有投入的风险，没有销售的困难，没有技术的压力，增收是必然的结果。

六、农产品营销策略

现在农产品基本上延续旧的销售办法，以产地农贸市场为主源头，向消费地农贸市场延伸，末端通过超市与社区菜场进入千家万户，这样的方式将在今后很长时间内存在，但不论怎样农产品现代营销已悄然兴起，它在不断丰富原有方式基础上，正逐步渗透和改变传统的模式，去推动农民发财致富。

现代农产品营销是解放思想和密切联系消费习惯、消费心理、消费潜力、消费心态等诸多方面，把农产品营销售延伸至生产、加工包装、运输仓储、销售渠道各个环节，通过多样化渠道，建立各种人性化的营销模式，在使产品品质和食品安全得到充分保障同时，以快捷、高效、增收促进农产品流能和农民致富。以下简要介绍这些营销的方法和思路。

1. 市场定向和差别化策略

任何一个地方进行农产品生产和营销都应根据本地气候、资源、区位、市场和消费群体来确定，农民应注意掌握瓜菜、等农产品旺季和淡季价格差异的客观规律，尽量积极发展早熟或反季节品种，蓄意制造"时间差"，使产品上市时间提前或推迟，适时卖上好价钱。农民要学会市场细划来生产农产品。如我们把城市家庭消费分为3个阶层：一是工薪消费阶层，二是年轻白领族和高薪退休阶层，三是小康阶层。这三阶层所消费的农产品完全不一样：工薪消费阶层主要消费一般的农产品，追求便宜与实惠，大部分销售在农贸市场（菜市场），价格比较优惠、量大；年轻白领族和高薪退休阶层，消费一般以上的农产品，追求产品的营养与外观，追求产品的时尚性，比较喜欢干净的农产品，如大棚种植的反季节时令农产品等，追求新鲜，喜欢在超市消费；小康阶层消费要求比较高，多追求高档、独特、保健和愉悦等功用，如乌骨鸡、七彩龟、黑小麦等农产品。

2. 农产品营销品牌化策略

品牌作用不仅仅表现在产品识别上，更重要的是将产品质量、市场信誉传导给消费者，给消费者以信心和市场影响力，在给消费者物质享受的同时，带给消费者一定的精神享受。在实践中，一是以名创牌，对市场竞争力强的优势产品实行商标注册；二是以质创牌，严格按照质量标准生产、提高产品品位；三是以包装创牌，美化农产品外表；四是加大创牌宣传力度，树立良好品牌形象；五是做好名牌保护工作，企业要对自己的品牌进行商标注册，求得法律保护。同时，应加强内部管理，提高产品信誉，提高产品质量，珍惜和维护品牌信誉。

3. 农产品加工策略

农产品加工是指通过与农业龙头企业联合，对农产品进行一定的工程技术处理，使其改变外观形态或内在属性、品质风味，从而达到延长保质期、提高产品品质和增加产品价值的过程。如速冻、脱水、腌制、分割、包装和配送等，拉长农产品营销时间、提高农产品附加值；此外，同一种农产品由于上市时间不同则效益相差很大，有的盈利，有的甚至亏本，一般可采取尝鲜早卖、贮存待卖、节日多卖等方式。例如，过去农产品销售一般总要等到完全成熟时才上市销售，那时的价格不一定就高，效益也不一定就好。如青毛豆、青蚕豆、青花生、玉米等农产品，提前上市不仅畅销，而且价格比同样老熟了的产品高，这是因为人们的消费习惯发生了变化，崇尚鲜嫩食品。因而，对这些农产品实行提前采摘上市，可获取较高的效益，不必拘泥于等到产品成熟后再收获上市。

4. 突出食品特殊要素的包装策略

目前消费者对农产品的需求产生了巨大的变化，他们不仅要求农产品好吃，还要求农产品好看，所以作为生产者，不仅要调整种植习惯、变出一些新花样来迎合消费时尚，而且某些农产品往往有一定的特殊背景，如历史与地理背景、人文习俗背景、神话传说或自然景观背景等，如淮安蒲菜和文楼汤包，包装设计中恰如其分地运用这些特殊要素，能有效地区别同类产品，同时使消费者将产品与其背景进行有效连接，迅速建立概念。再如，有一年元旦，某大学门口一位老太太守着两大筐大苹果叫卖，因为天很冷，买苹果的人很少。恰好开完市场营销讲座的一位教授路过此地，就上前与老妇商量几句，然后走到附近商店买来节日织花用的红彩带，并与老太太一起将苹果两两一扎，接着高叫道："情侣苹果，两元一对!"经过的情侣们都觉得新鲜，用红彩带扎在一起的一对苹果看起来的确很有情趣，因而很多人都买，不一会儿苹果全部卖光了。此外，在苹果上贴上吉祥字语或图案以及给西瓜套上方形玻璃柜来生产方形西瓜等方式都能提高农产品的附加值。

5. 农产品绿色化策略

农产品绿色化营销策略是随着当前农产品环境污染和人民生活水平提高而产生的。目前，消费者日益重视食品安全，对消费无公害农产品、绿色食品已成为一种趋势。为此，我们要把握机遇，发展农产品的绿色营销。具体措施如下：一是首先树立绿色营销观念，及时收集农产品的绿色市场信息，深入研究信息的真实性和可行性，发现和识别消费者"未满足的绿色需求"，然后结合企业的自身情况，制定和具体实施农产品绿色营销策略；二是制定绿色计划，开发绿色资源，对于本地农业资源要认真研究和保护，遵循可持续发展原则，加强对生态环境的保护，科学合理地与外界合作开发利用农业资源，以科研部门为依托，通过权威部门产品检测和认证，使用绿色标志进行绿色营销。如将鸡放养在山坡林地散养来生产"土鸡"、利用边角地生产野菜等。

6. 配送策略

城市在不断扩大，买农产品（特别是安全营养的农产品）越来越不方便，因此，特定的消费对象需要有品质的农产品配送。如一些宾馆、学校和一些高消费的家庭，他们乐意享受因配送而带来高效便捷服务，做好这些目标数据库，建立庞大稳定的销售体系，建立包括先进的电子商务、电话、店面等配送体系，这将是今后的一种发展方向。

7. 免费体验策略和教育服务策略

把农产品的优、劣完整体现在消费者面前，通过对产品的观、闻、品、验等手段，让消费者明白什么样的产品符合自己的需求，这样将大大拉近消费者的感官识别，从而建立牢固的产品信任感，促进产品的就地应时消费，如农业观光旅游和农家乐营销形式。另外，可通过与物业、居委会联络，让社区一些居民进入农产品生产、加工、运输的过程当中，展示农产品品质。质量检验过程，与农产品生产者交流，有利于建立良好的供求关系，提高供求双方的互信度，同时做好生产消费的协调工作。

8. 公众公益策略

农产品"走公益"的策略也很重要。如与体育结合（现在为奥运会生产的农产品很吃香）和会议、旅行、餐饮等诸多公益活动的切入，通过各种形式把农产品介入进去，提高农产品的知名度，这样可以大范围地在各种渠道进行农产品销售，农产品品牌建设也可以迅速提高。

9. 小范围团购策略

农产品做团购优势很大，家庭厨房的所有食品均可以做成礼品销售。如通过对农产品的包装与贴牌，把简单的一种农产品包装成消费时尚的礼品包装，特别是水产、水果、粮、油、蛋等。小范围的团购就是在一定有效的单位范围内，包括机关食堂、各办事机构、单位等，由于我们国家节日特别多，所以节庆农产品礼品销售将异常火暴。

10. 个体直销策略

农产品在各地可以与当地的社区便利店有效结合起来，如通过与水站、洗衣店、小卖部、茶楼、社区会所等对接，把农产品的信息发布出去，这样可大大加快产品的直接销售速度。

11. 媒体网络广告策略

在网络上进行产品宣传将越来越流行，什么样的产品信息均可以在网上找到。网络重点介绍产品的生产、销售过程，重点突出产品的营养价值、什么样的消费者适应、有什么好处、食后能对健康有什么好处等，这样的宣传在网上越流行，产品的知名度就越高，越能够与消费家庭融合。必要的时候可以利用电视与报纸等传媒方式结合起来，加快农产品的现代化营销步伐。

12. 科技营销策略

有条件的农民可邀请科技专家学者，借助名人效应或特殊的场面进行独特的营销宣传，引发消费者的关注和兴趣，提高自己农产品的社会知名度，从而达到多销快销的目的。

13. 兑换营销策略

农民手中的农产品卖不上价时，可与一些商家协商兑换一些自己适用的商品，既解决了商家销售难的问题，又能互通有无、互惠互利。这种以物易物的兑换式促销也可能是今后的一种发展方向。

14. 电商营销策略

近年来，随着信息化、全球化、市场化和城镇化的深入发展，传统的农资市场格局也发生了巨大的转变。农资行业中产、供、销等各环节的渠道和市场空间更加趋于扁平化，正处于转型期的农资行业不得不开始对流通手段进行创新与变革。

我国农产品行业进入电子商务领域至少比其他行业晚了 10 年。鉴于电子商务还不是农业行业的长项，因此就需要探索全新模式、操作手法和新思路以寻求合作。

一是要联合，通过农业电商平台建立起农业企业联盟，以合作促发展。二是要迅速形成盈利模式，以农资销售带动农产品销售将是一个捷径。我国目前正在大力发展家庭农场、合作社模式，通过线上交易可以拓宽农产品销售范围，从而带动农民增收。三是在严重产能过剩的前提下，大肥品种可以获得的利益相对较少，要回避市场现状。农资电子商务可以做更加精细化、专业化且高附加值的经济作物，盈利速度会更快。农资行业之所以要进入电商领域一方面是由于目前互联网的消费群体正在走向主流，但更重要的是由农资行业的性质所决定。随着化肥产能过剩的加剧，无论是生产企业还是流通企业，在近几年的经营过程中，都面临着竞争和生存压力。由于化肥产品的需求是刚性的，要常年生产、季节销售，所以市场之间的博弈也就更加激烈。

将大宗商品现货电子交易模式引入农资营销体系，目的是要成为农资行业业务模式创新的驱动力。无论是在发现价格、规避风险，还是传递信息、减少中间环节，或是提高流通效率、降低损耗，都是为了突破制约行业发展季节、区域、资金、信用四大瓶颈，使生产、供销、物流、仓储质检、银行、互联网这些环节共同融入电子交易立体化流通的一个新贸易体系，形成具有快捷公开、公平、均衡优势的新的业态模式。

【案例】

近年来，博罗县荔枝种植面积约 12.7 万亩，产量在 3.2 万吨左右，产值约 2.5 亿元。其中，龙华镇的山前荔枝示范基地被国家农业部列入首批热带作物标准化生产示范园的创建名单。凭借良好的品质，博罗荔枝在传统的零售市场上，占据一定的市场比例。

为创新销售模式，该县今年着力发展果品电子商务，吸引了阿里巴巴淘宝网、中粮我买网、一号店、广东十记果业有限公司等电商企业的进驻，进一步拓宽该县农产品销售渠道，实现农户、生产商、经销商和电商的多赢，帮助果农增收致富。

广东省农民专业合作推广中心主任洪生介绍，此次电商预售活动的启动，标志着广东农民专业合作社正式与互联网对接，消费者有机会第一时间通过电商平台品尝到来自南粤大地最新鲜、最地道的农产品。

博罗县水果办相关负责人表示，电商销售减少了中间流通环节，既能让果农卖个好价钱，又能让利消费者。电商预售对于博罗县山前荔枝专业合作社还是个新鲜事物。社长黄光明很期待："利用电商平台能够拓宽荔枝的销售。今年的荔枝还挂在树上，就已经卖完了，销路就不愁了。电商企业预售的广告攻势，还能提升山前荔枝的知名度。"

启动仪式后，电商企业代表实地考察了山前荔枝园的荔枝情况。广东十记果业有限公司运营经理卞艺文说，"生鲜"农产品的电商销售，农产品的品质很关键。近期，该公司已经考察了博罗县多个荔枝种植基地，将联合其他电商企业在5月下旬开始第一波的网上宣传攻势，并接受网友的预订单。

总之，电子商务的本质就是运用互联网技术提升零售的核心竞争力，并最终体现在供应链、物流和用户体验上。如今当电子商务悄然渗入农资行业时，让我们感到最为欣慰的是像前面提到的某大型农资生产企业作为一类代表，非但没有抗拒，反而在思考如何将现有业务与电商融合，如何利用互联网更准确的找到目标消费者，如何把产品和服务传达到消费者的手上，如何根据消费者的建议进行改进，并做出很好的探索。

或许，农资电商浪潮将帮助农资行业摆脱"竞争无序、伪劣横行、赊销遍地"等问题，真正实现产业转型升级。

15. 互联网营销策略

农产品营销要搭上互联网营销快车，首先要打造有知名度品牌农产品，面对小生产与大市场的矛盾，营销人员应着力破解生产与市场信息不对称问题，及时准确提供市场预警信息，引导和鼓励发展特色、追求品质、赋予文化、做亮品牌。其次要定位目标人群，推介品牌农产品，把产品价值传递给消费者，并让消费者真正体验到产品的优质安全和承载的独特文化内涵，以口碑传播做响品牌；第三要利用电子商务平台走诚信自营之路，积累信誉度，提高认知度，做强品牌；第四要利用电商便捷的特点，用预售订单方式降低成本的同时，让消费者享受到原产地品质和味道的平价农产品，增加认可度，做大品牌。

【案例】

宁波农民每年依托网络销售农产品超 10 亿元

镇海区湾塘村的草莓种植户真切地感受到了网络的威力。2004 年，有人在网上帮他们发了个"每人采摘费用 30 元，管吃，不能带走"的帖子，此后便游客盈门，他们告别了"提篮小卖"的日子。如今，这些种植户家家配有电脑，上网成了每天必做的事情。正是看到了农户对互联网的迫切需求，宁波市各地也加快了农村信息化建设。通过政府出一点、企业贴一点、农民掏一点等办法，目前，全市已完成市、县（市）区、乡镇（街道）、村四级网络体系建设，联网村已达 1 680 个。

网络使众多农户拥有大量的信息发布平台。奉化市联胜村的花农吕东明说，现在生意越做越大，现在他不仅建立了自己的网站，还把供货信息贴到国内上百个有关知名或专业的网站上，而所有这些是不需要什么费用的。去年，通过网络，他已经为自己和周边农户推销花木 2 000 多万元。通过海量的信息发布，宁波市农产品的知名度也在不断提升。"过去是我们四处找市场，现在倒过来了。"江北区果农陈海珍是该区网上销售蜜梨的第一人。如今，"洪塘蜜梨"已远近闻名，北京、上海的客户也纷纷赶来，一年可净赚 100 多万元。

网络销售不仅减少了农民奔波之苦，还使他们更为便捷地触摸到市场"脉搏"，从而能迅速调整结构。最近几年，各地由农户自主引进的农业新产品在 300 个以上，为宁波市农业持续增长增添了后劲。去年，北仑的花农在网络上发现，他们种植的金叶女贞等"当家品种"销售逐渐滞缓，而新优彩叶花木正悄然占领市场，尤其是上海世博会绿化工程对金叶红瑞木等品种的需求量正越来越大。为此，他们引进 50 多个新品种进行培育推广。预计到 2010 年，当地将有 1.2 亿株彩叶花木用于世博会绿化。

16. 农资超市营销策略

农资超市与传统意义上的超市品种齐全、价格低、老百姓生活依赖度高相类似，不同的是农资超市所面对的顾客群是乡镇市场的农牧民，并且主要以"农药、化肥、种子、农膜、农机具、兽药、饲料"等生产必需品为主，以各类生活必需品为辅。

【案例】

宜化农资超市是一家集化肥、农药、种子、农膜、农机具、药械等农业生产资料于一体的大型一站式农资购物中心。目前在全国已建成 130 余家 800~1 000 平方米的大型旗舰店，遍布湖北、湖南、广西、云南、贵州、河南、河北、新疆、内蒙古等地。未来两年，宜化农资超市将达到 10 000 个直营店的经营规模。

客户需求：

宜化农资超市是一个非常重视信息化建设的企业，因目前使用的软件是五花八门，对于日渐庞大的连锁体系，管理极其困难。为了更好的统一管理，降低运营成本，提升企业形象，增强企业竞争力，必须统一管理软件，特别要求能提供更精准的财务数据，能实时掌控且能及时调整产品结构。

解决方案：

宜化农资超市之所以在众多软件中选择思迅商云 8 商业管理系统，正是因为商云 8 商业管理系统有市场前瞻性，提供了能满足他们未来市场顺利发展的管理功能。

1. 成本异常时考虑多种成本价取价方式

2. 增加重结转功能以处理滞后上传数据（主要为断网数据）

例：元月一日销售了 7 瓶农药，1.5 元每瓶，当天平均成本 1 元，日结完成。元月四日，农药的平均成本价是 1.2 元，这时发现，元月一日有三个断网未上传的农药才上传成功。所以，这三瓶就是计入当天销售，冲当天的库存，成本也取当天的值。很明显，与事实不符。商云 8 商业管理系统的重结转功能就能很好地解决此成本取值问题。

3. 记录成本计算过程，让成本来源有据可查

4. 业务金额平移进入销存

例：采购一车种子，入库的总金额是 100 元，入库时数量是 30 斤，则进价自动换成 3.33 元。日结，再看库存成本，等于：30×3.33＝99.99 元，会计账成本是：100 元，相差：0.01 元。以至于这个商品的毛利率虚高或虚低，财务账则与电脑账不平衡。而商云 8 商业管理系统能彻底解决这个长久以来存在的手工账与电脑账不平衡的财务问题。

而且商云 8 商业管理系统提供了 FTP 自动升级，总部统管程序进行自动升级的程序设置和升级监控管理，所有门店及 POS 机一律自动升级，无须人工干预，这为宜化农资超市解决了琐碎重复工作带来的低效率问题。

效果反馈：

思迅商云 8 功能强大、操作简单、维护简便，上线以来，精

准的成本毛利核算，为宜化农资超市的决策分析，提供了强有力的数据支持；轻松解决客户的财务及成本困惑，管理更加精准，切实有效的提高了客户的管理效率，获得一致好评。

第二节　提高经营管理素质的措施

一、新型职业农民经营管理素质

新型职业农民经营管理素质是指新型职业农民根据市场需求变化来合理组织、控制农业生产的能力，包括农业生产知识的掌握程度、农业技术的应用水平和采用能力、农产品市场的适应能力等方面。经营管理是社会化生产劳动的产物，社会分工越精细，商品化生产程度越高，市场经济越发达，越需要加强经济管理。一般来说，农民的科技知识越多，接受和掌握先进技术的意愿、能力就越强，劳动能力、劳动效率和劳动收入就越高，认识世界和改造世界的能力就越强。农民的经营管理知识越丰富，参与市场竞争的意识就越高，进行规模化、专业化生产经营的能力就越强，增加收入的渠道就越广。

二、农村经营管理人才培养机制亟待完善

我国正处于传统农业向现代农业的过渡阶段。所谓现代农业，就是指以保障农产品供给、增加农民收入、促进农业可持续发展为目标，以提高劳动生产率和商品率为途径，以现代科技和装备为支撑，在家庭承包经营基础上，在市场机制与政府调控的综合作用上，农工贸紧密衔接，产加销融为一体，构成多元化的产业形态和多功能的产业体系。要建设好现代农业，迫切需要一批具有现代经营与管理知识、市场意识强、具有开拓精神、懂经营、会管理的农村经营管理人才，以更好地开展产前与产后服务、开拓市场、提高竞争力等，从而推动现代农业的快速发展。

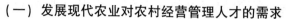

（一）发展现代农业对农村经营管理人才的需求

所谓农村经营管理人才，是指为满足现代农业和新农村建设的需要，存在于农村中，具有一定经营管理知识或经营管理经验者，并能够通过自己的经营管理，把土地、资本、技术、信息等生产要素组织起来，持续为社会提供产品需要与服务，在农村经济发展过程中起带头作用的，能够促进农业生产和稳定农村环境的人才。这类人才主要包括乡村机构管理人才、农业企业经营管理人才、农业技术推广人才、农村经纪人、农村能人、个体商贩、农村种养大户等。由于农村经营管理人才具有时代性、知识性、指导性、创新性、责任感等多种特征，从而在贯彻落实党的农村政策与推动农村经济社会改革、保障社会稳定、培养农村市场、提高农业竞争力、实现农业经济体制创新等方面具有不可替代的作用，因此现代农业对农村经营管理人才的需求将会越来越旺盛。

（二）现代农业经营管理人才培养供给机制的完善

随着农村经济社会的快速发展，农业综合生产能力增强，农村产业结构不断优化，农村社会统筹覆盖面的扩大，急需大批管理水平高、懂法律、懂业务、会管理、乐于奉献、诚实守信的农村经营管理人才参与其中。为此，应遵照服务"三农"、市场配置、开发利用等原则，加强农村经营管理人才队伍建设，以满足现代农业发展的需求。

1. 完善农村经营管理人才队伍培养机制

农村经营管理工作政策性强、业务范围广，专业素质要求高。农村经营管理人才不但要熟悉农村各项方针政策和法律法规，又要精通业务，而且随着农村经济社会高速发展和经营体制的不断创新，对各方面能力的要求更高。因此，在现代农业建设过程中，还应围绕现有农村经营管理人才队伍的思想素质、理论政策水平和专业技能，通过制定和完善农村经营管理人才考核标准、规定农村经营管理人才必须具备的政治素质和业务素质，并采取多种措施鼓励他们参加各种形式的教育与培训活动，尽快改变人才队伍的知识结构，全面开发其内在潜力，提高其整体素质。

其中，首先应鼓励农村经营管理人才参加中职农村经济管理专业举办的教育与培训活动。这是因为，中职农经管理专业相对高等农业院校农经管理专业而言，更侧重于农村经济发展一线的应用型人才的培养，而且培养周期短，课程调整灵活，能更好地满足现代农发展对农村经营管理人才的需求。为此，一方面，需要农村基层单位与中职农经管理专业保持紧密联系；另一方面，需要根据现代农村经营管理人才的需求类别，采取脱产、半脱产、请专家现场授课等多种形式，有重点地开展分类教育与培训学习，使农村经营管理人才能深刻理解和落实国家及地方政府的各项政策，并能在掌握国内外发展最新动态的同时，及时获得市场信息，正确把握农村经济各项要素的变化发展规律。

其次，应加强专业理论、市场经济知识和科技知识的学习，提高农村经营管理人才对农业经济管理、农村统计、农村会计及电算化、农村财政与金融、农产品营销、农村法律法规、农村公共管理等多学科的管理技术和知识的掌握程度，以培养出一支既懂技术又会管理、既上通各行各业又下联系千家万户、并寓服务与管理为一体的复合型农村经营管理人才队伍，为顺利发展后劲提供有力的人才保障。

2. 建立科学合理的评价、先拔机制

根据人力资本理论，要充分挖掘农村经营管理人才的潜力、促进人才聚集、迅速壮大农村经营管理人才队伍，其有效途径就是建立有利于优秀农村经营管理人才脱颖而出、人尽其才的评价选拔引进机制。

为此，在发展现代农业过程中，一是应建立以素质为本位的农经人才培养体系，支持和强化中职农经教育，为农村培养一大批会经营、懂管理的新型农民，夯实现代农业建设的人力基础。同时，进一步做好高职和本科院校农经人才的培养工作，使他们学农爱农，立足农村基层，服务新农村建设和现代农业发展。二是应遵循公开、公正、公平等原则，建立合理的人才选拔机制，选拔形式可受取公开考试、竞争上岗、组织考察与群众评议相结合等多种形式，真正做到不拘一格选人才。三是应针对农村经济社会的发展实际，建立有效的人才引进机制。在引进人才之前，应详细且明确地规定引进人才的条件、政策等一系列相关问题，相反地，在对符合条件的应聘者的具体考核中，则应简化人才引进手续，对于切实能给农村经济发展带来重大贡献的特殊人才，要打破常规，建立"绿色通道"，积极引进懂经营、善管理的优秀人才。

3. 更新观念，优化环境，努力稳定人才队伍

农村经营管理是对农村各项生产经营活动的发生、发展规律的经验概括和科学总结，是一门横跨自然科学和社会科学的综合学科和软硬技术相结合但侧重软技术的科学。这就是要求我国在实施"科技兴农"战略中，应抛弃重硬技术轻软技术的传统观念，并采取各种措施，进一步优化农村经营管理人才队伍的成长环境。

4. 建立上下贯通的农村经营管理人才信息网络

要充分发挥农村经营管理人才信息网络。要充分发挥农村经营管理人才队伍的服务功能，还需整合资源，加强共享。为此，一方面应充分利用已开发的相关农业人才门户网络信息平台实现人才资源共享；另一方面，还应提高我国农业核心网站建设，形成集农业、畜牧业、乡镇企业、农业机械、渔业行业政策法规、技术推广、市场营销、质量安全、生产经营、专家咨询以及水利、林业、气象、环保、国土资源等涉农部门的农业综合数据库群，发挥网络功能，以便在传递农经法规、农经政策和农民专业

合作经济组织的发展建设情况，发布农村经济信息和农产品的供求信息等方面，为农村经营管理人才充分发挥作用提供条件。

三、新型职业农民经营管理能力培养的思路

从分析现有的新型职业农民的经营管理状况与能力现状入手，调查分析新型职业农民的经营管理能力培训需求与期望，归纳总结现行的培训模式特点及对新型职业农民培训模式对提高新型职业农民经营管理能力贡献作用进行分析，完善现有的培训模式以及提出发展一些新的培训模式，根据新型职业农民的类型，对应采取不同的培训模式。

（一）理清概念

根据 2012 年中央"一号文件"提出"新型职业农民"概念和其他文件内容以及国内外学者的研究结果，应理清新型职业农民的内涵、特点、范围与对象等概念。

（二）新型职业农民的经营管理能力培训需求与期望

科学设计调查问卷，采用重点调查方法，通过调查表调查清楚新型职业农民的经营管理状况、经营管理知识与能力、经营管理培训的需求与期望。分析总结现行的新型职业农民的经营管理知识与能力情况，提出新型职业农民的经营管理培训的需求与期望。另外也可以通过文献资料，个案分析，归纳总结新型职业农民的经营管理培训的一些需求与期望。通过现状与需求，提炼出培训的内容，进而也验证现行培训内容的改革。

（三）分析总结现行的培训模式

通过文献资料和调查分析总结的现行培训模式有："项目推动型"模式、"能人培育型"模式、"农民讲习所"模式、"核心农户"模式、"农业远程教育及信息服务工程"模式、"手把手"模式、"现场传导型"模式、"自选式"模式、"订单式"模式、"讲座式"模式等。

分析这些典型模式的优缺点，如培训时间、地点、效果等；分析它们的运行机制，如培训中谁来参加、谁来组织、谁来培训、谁来投资、谁来监督。分析培训师资队伍的特点，比如培训老师的聘任条件、组成和进修。通过比较法，分析不同培训模式的特点。

（四）完善现行模式与发展新模式

根据现行培训模式特点，结合新型职业农民的经营管理培训的需求与期望，从培训内容、培训方式、培训机制方面进一步完善，提高培训模式效果。理论与实践相结合，发展新的培训模式。

（五）新型职业农民培训模式的选择

根据培训内容的层次与新型职业农民的需求，地区实际情况，结合不同的培训模式的特点，相对应选择不同的培训模式。结合新型职业农民的需求与期望和培训的内容，通过什么样的方式使培训效果更好，更可持续。

四、怎样提高农民的经营管理理念

建立和健全农村市场经济体系，提高农民参与市场经济的素质是我国农业现代化建设的重要组成部分。因此，必须破除小农意识，培育农民市场参与意识，引导农业和农民走向市场，实现农业和农民与市场的充分结合，促进农民致富和农村经济发展。

（一）普及经营管理知识，培育农民市场竞争意识

经营管理知识是从事经营活动的基础。依托"新型职业农民创业培植工程""星火科技培训专项行动"等几大工程，加强对农民进行社会主义市场经济理论培训，使广大农民懂得价值规律、供求规律、竞争规律、平均利润率等市场经济的一般规律，懂得市场经济配置资源的方式和机制，自觉地按照市场的需求来配置农业资源，开展农业生产活动，以取得最大的经济效益。进行企业管理、

市场营销等方面的知识培训，使农民懂得现代企业管理的一般规律，懂得市场营销的基本原理和基本知识，熟悉市场、产品开发、价格制订、制作广告、国际市场等各个方面的营销技术和策略，从而造就一大批进行规模化和专业化生产经营的农场主和农民企业家，加速农业向市场经济转化，建立完善的国内外相互联系的农副产品市场营销体系，加快农业资本周转，以获得利润的最大化，促进农业生产结构的调整和农民收入的增加。

（二）发挥媒体在经营管理中的作用，保证各种信息畅通

由于在信息传递过程中，媒体具有传递速度快、传播内容多、形式丰富等特点，使得媒体在农民的经营管理中尤其是生产销售中，起着非常重要的作用。但是目前，媒体在新农村建设中并未发挥其应有的作用。农民接收信息渠道的有限性以及信息内容远离农村社会现实的无针对性，制约着社会主义新农村建设的进程。因此，要改变这种状况，必须通过多种方式拓宽农民接受信息的渠道。电视是农民接触最多的媒介，要着重提高农村的广播电视覆盖率，延长广播电视中经营管理节目的时间。除电视外，还可以充分发挥报纸、广播、互联网等媒介在农产品的销售、农业生产资料的购买上的作用。其次，媒体传播的内容要和农村实际接轨。从价值规律到农业经营管理的一般知识，从农业生产资料的供应到农产品的销售价格等，都应采取农民喜闻乐见的形式，以通俗的形式加以传播宣传，真正做到从农村、农民的需求出发，做到为"三农"服务。再次，政府在财政上要给予农民以获得信息的必要支持。目前还有一部分边远农村地区收到的电视节目很少，即便是在东部发达地区，有线电视也只是普及到县一级。这种情况制约着农民的信息获得，影响着其生产经营水平。

（三）支持农业合作组织发展，充分发挥农民经纪人的中介作用

由于农民组织的缺位，使得农民在与地方官员的博弈中处于弱势。尤其在国际贸易争端中，代表农民进行谈判的通常是农民自己的组织。我国农民由于缺少自己的组织，以个人的力量很难在国际竞争中站稳脚跟，往往被斥之为倾销者。当前，现有的农村基层组织在协调管理职能和维护农民利益方面存在困难，是产生诸多问题的原因。提高农民的组织化水平，能够增强农业综合生产能力和市场竞争能力。农民通过专业合作组织进入市场，根据合作组织反馈的市场信息，及时调整、种植适销对路的农产品，可以帮助会员与加工企业建立比较稳定的产销关系，广泛占领市场。采取立法方式对农民合作组织给予支持，由于现行法律法规对农民合作组织的法律地位没有给予充分肯定，因此必须从法律上明确农民协会的地位。制定扶持政策对各种形式的农业合作组织形式进行必要的帮助和支持。此外，政府还要通过制定各种优惠政策，对市场经济发展实行倾斜，进一步促进社会分工，鼓励农民发展商品生产，积极培育市场主体。

五、农村经营管理工作方向的探索

"十二五"时期是我国经济社会加快发展、跨越发展的重要战略期。结合现阶段我国农农村经营管理工作的现状及其形势分析，今后一段时期，农村经营管理工作要着力在以下 4 个方面下功夫。

（一）在保持土地承包关系稳定并长久不变上下功夫

进一步巩固以家庭承包为基础、统分结合的双层经营体制，完善农村土地承包法律法规和相关政策，搞好确权登记颁证工作，依法保障农民对承包土地的占有、使用、收益等权利。进一步完善土地承包经营权流转市场，在依法自愿有偿和加强服务基础上，逐步健全土地流转服务体系，促进多种形式适度规模经营健康发展。进一步健全土地承包经营纠纷调解仲裁体系，加快土地承包仲裁机构和仲裁员队伍建设，推进仲裁工作制度化、规范化。

（二）在创新农业经营体制机制上下功夫

扶持发展专业大户，鼓励农户增加资本和科技投入，扩大生产经营规模。大力发展农民专业合作社，把推进合作社规范化建设摆在更加突出的位置，加大扶持促发展，完善制度促规范，服务农民强功能，拓宽领域增实力，推动合作社又好又快发展。推动农业产业化跨越式发展，加大政策扶持力度，做大做强龙头企业，创建产业化示范基地，促进产业化组织由数量扩张向质量提升转变，由松散型利益联结向紧密型利益联结转变，由单个龙头企业带动向龙头企业集群带动转变。深化农村集体经济组织产权制度改革，健全农村集体资金资产资源管理制度，完善农村集体经济管理体制和运行机制，探索集体经济有效实现形式，发展壮大集体经济实力，增强集体组织服务功能。

（三）在切实维护农民合法权益上下功夫

建立健全新形势下农民负担监管长效机制，拓展监管领域，加强源头监管，强化制度建设，切实防止负担反弹，使农民负担始终保持在较低水平。加强对重点领域、重点地区和村级组织、农民专业合作社负担的监管与治理，推动监管工作向农村公共服务、农村基础设施建设、农业社会化服务，以及惠农补贴政策落实等领域延伸。全面推开村级公益事业建设一事一议财政奖补，完善一事一议筹资筹劳监管制度，使奖补政策惠及所有行政村。

（四）在加强农村经营管理系统能力建设上下功夫

以基层为重点，加快建设系统健全、责权统一、运转顺畅、充满活力的农村经营管理体系。加强学习型组织建设，加大培训力度，深入调查研究，切实改进作风，努力造就一支高素质的农村经营管理队伍。

【思考题】

1. 阐述农民经营管理的含义。

2. 简述提高农民经营管理素质的措施。

第三节 增强安全意识

一、农机具的正确使用与保养

1. 农机具的正确使用

农机具操作人员在使用农机具前必须经过严格的技术培训，严格执行持证上岗制度。做到懂农机具的工作原理、懂农机具性能结构、懂交通法律法规；并应会正确使用操作农机具、会合理安装调整农机具、会维护保养农机具、会排除农机具的故障，这样才能发挥其应有的作业质量和效率。

2. 农机具的维护

农机具在使用中的正确维护也是非常重要的，要求必须做到以下几点。

（1）保持清洁：每班作业后必须及时清理农机具，特别将要长期闲置时更应做好农机具的清理、保养和维护工作。

（2）保持良好的润滑：对农机具按时加油、换油，特别是油质要符合不同农机具和不同部位的零部件要求，要定期清洗农机具的各润滑系统，确保润滑油路畅通。

（3）要做到"三勤"（手勤、眼勤、耳勤）：手勤：农机具运转之前，可先用手摸一摸或试一试其某些部位，看是否有松动等不牢固现象，如有应及时排除。眼勤：做到经常观察，查看农机具的各零部件是否处于正常的静止、运动状态，一旦发生异常，要立即查找故障原因，最终排除故障。耳勤：经常听一听农机具运转的声音，如果听到非正常的响声，应立即停机，仔细检查发生不正常响声的原因，或发生不正常响声的零部件，进行合理维修，排除故障。

二、肥料、农药的识别和科学施用

（一）化肥、农药的识别

1. 如何识别合格化肥

（1）包装检查：国家规定包装袋上应标示商标、肥料名称、生产厂家、肥料成分（注明氮、磷、钾含量及加入微量元素含量）、产品净重及标准代号，每批出厂的产品均应附有质量证明书。过磷酸钙有散装产品，但也需附有出厂证明。

（2）外观检验：化肥绝大多数为固体，只有氨水、液体铵是液体。可以观察化肥着色及结晶形状，如氨肥、钾肥一般是白色或淡黄色结晶；硝酸铵、碳酸氢铵吸湿性强，容易结块；磷肥呈粉末状。当化肥呈现融化瘫软，由结晶体变成了粉末状，可能是由于过水或淋湿；化肥呈现坚硬大块，或色泽变黄、发黑，则是存放日久，有失效的可能。

2. 如何识别合格农药

（1）外包装检查：根据国家标准 GB3796—1983《农药包装通则》规定，农药的外包装应采用带防潮层的瓦楞纸板。外包装容器要有标签，在标签上标明品名、类别、规格、毛重、净重、生产日期、批号、储运指示标志、毒性标志、生产厂名。在最下方还应有一条与底边平行的着色标示条，标明农药的类别。

（2）内包装检查：农药制剂内包装上必须牢固粘贴标签，或直接印刷，标示在小包装上。标签内容应包括：品名、规格、剂型、有效成分（用我国农药通用名称，用重量百分含量表明有效成分含量）、农药登记证号、产品标准代号、准产证号、净重或净体积、适用范围、使用方法、施用禁忌、中毒症状和急救、药害、安全间隔期、储存要求等。还应标示毒性标志和农药类别标志，以及生产日期和批号。

（3）保质期检查：农药的保质期一般为两年。过期农药要经过质量监督部门对有效成分进行含量分析测定，药效、药害试验证明只有药效降低，无其他毒副作用才可降价处理，使用时加大剂量。如已变质失效，决不准再销售使用。

（二）化肥、农药的使用

1. 化肥的使用

化肥的使用应注意：氮肥、钾肥不能混合使用，钾肥主要成分，氮肥中的 NH_4 与钾肥混合使用产生氯气；化肥放在阴凉干燥处，要密封；有机肥料使用较好，能够改善土壤，但肥率较慢较长；无机肥料，过度的使用，使土壤板结，使土壤碱性增强，形成盐碱地；河水中氮钾等肥料增高，富营养化，植物生长，吸收水中的氧使水中氧减少。水中动植物营养丰富，如藻类大面积繁殖，导致鱼类动物大量死亡。化学肥料多易溶于水，施入土壤或喷施叶面，即能被作物吸收作用，肥效快，但不持久；有机肥与无机肥料：有机肥料较好，能够改善土壤，但是肥率比较慢，较长；无机肥料的过度使用使土壤板结，使土壤碱性增强形成盐碱地；未腐熟的农家肥和饼肥不宜直接使用；氮肥不宜多施于豆科作物上；不宜不分作物品种和生育期滥施肥料，不同作物、不同生育期的作物对肥料的品种和数量有不同的需求，不分作物及时期施肥只会适得其反。

2. 农药的使用

在农业生产过程中，离不开农药的使用。但农药使用不当，不仅达不到预期的效果，有时甚至会产生药害，给生产造成极大的损失。根据农药种类、特点、剂型、病虫发生时期，作物种类，选择适宜药剂科学施用，能提高农药的使用效果，减少用量和残留，确保使用安全。

三、农村防火安全常识

我国农村消防工作发展不平衡，经济较发达的乡镇在消防基础设施建设、多种形式消防力量建设、消防监督管理、消防宣传教育等方面，取得显著成绩。但总体上看，我国大部分农村缺乏消防规划、消防基础设施、消防组织和火灾扑救力量。此外，农民的消防观念和安全意识比较淡薄，农村消防基础设施薄弱；居住比较分散；交通不便；易燃可燃物多，动用明火多等。只有增强了广大农民自防自救的能力，才能保证切身利益免受损失。

1. 正确堆放柴草

室内不宜堆放柴草，如果确有必要，也要尽量少存，柴草切不可堆放在炉灶旁，要与炉灶、烟囱、灯烛等保持一定距离，也不要把柴草堆放在门旁，室外露天堆放柴草，堆垛不宜过大，垛与垛之间要有防火间距，柴草垛要离房屋、仓库，牲畜棚等远些，以免互相影响，也不要垛在高压架空线下或紧挨路边及人常来往的地方，以防电火花和行人乱扔烟头引起火灾。严禁野外烧荒。

2. 教育孩子不要玩火

家长要把火柴、打火机等引火物放在小孩拿不到的地方，减少小孩玩火的机会。要教育儿童不在公共场所、工厂、工地附近放鞭炮，不在粮、棉物仓库、牲畜棚、柴草堆、木工房等易燃物附近放鞭炮，不在家内或炉内放鞭炮，燃放能升空的烟花时，不要向着建筑物，不要对着人。要注意观察烟花、炮竹下落的地方，发现花炮纸壳有余火要立即踩灭。

3. 防止因吸烟引起火灾

吸烟可以引燃纸张、棉花、麻线、布匹、橡胶、木刨花等物。随处吸烟、乱丢烟头是很危险的，所以吸烟时，要把用完的火柴杆，吸剩的烟头熄灭后再扔掉；不要乱扔烟头，乱磕烟火，不要把燃着的烟放在易燃物上，不要躺在床上或炕上吸烟，不要在使用和储存汽油、煤油的场所、仓库、木工房以及牲口棚、枯草地和其他禁止吸烟的地方吸烟。

4. 防止灯烛引发火灾

因灯火引起的火灾，在农村常有发生，这关火灾发生的原因，一般是因为设备不好，或者是放置和使用不当，因此，在使用灯火照明时应注意，油灯蜡烛要放在不易碰倒的地方，要人离灯灭；不要用柴草或禾杆扎成的火把照明；储存汽油、煤油、酒精、火药等易燃易爆物品的库房里不能用明火照明。

5. 使用炉火注意防火

不论是取暖还是做饭，炉灶、火盆一定要设在适当的位置，要与木板壁、木地板、床铺及其他可燃物保持一定距离，使用时要有人看管，不但用火过程中要注意安全，用火后掏出的灰渣，也一定熄灭余火后再倒在安全地点，封火要用砖或铁皮把灶门挡好，并把灶前的柴草打扫干净。这些事做起来很简单，但一旦疏忽大意，就会造成严重后果，此外，对炉灶、火坑、烟囱要经常进行检查，发现裂缝应及时修补。

6. 使用农机注意防火

农机应定时进行检查保养，检查时严禁使用明火，检修清洗零件时，应禁止吸烟、动火；清洗工作结束后，应及时将废液放入带盖油桶内，并送油库保管发动机和燃油箱必须保持清洁，擦试油垢时不准使用汽油；经常检查发动机汽化器，防止在作业场地发生回火；在麦田、打碾场及场院中作业的农机，排气管上要安装防火罩；加注燃料时，不能使用塑料桶盛装汽油、柴油直接向油箱加注。

7. 其他防火常识

家中不可存放超过 0.5 升的汽油、酒精、香蕉水等易燃易爆物品。不能随意倾倒液化气残液，不要拿铜丝代替保险丝，不要在大风天焚烧物品。有些农药、化肥放在一起会发生化学反应，轻则失效，重则发生爆炸、火灾，因此农药、化肥不能混存、混运。汽车、摩托车等交通工具驶入加油站应熄火加油。加油站、液化气站等易燃易爆场所严禁吸烟，严禁携带烟花爆竹、香蕉水等易燃易爆物品乘坐交通工具。

四、农产品质量安全

(一) 农产品质量安全的现状

从整体上看，农产品数量稳步增长，质量安全水平逐年提高；从局部上看，不同农产品安全问题发生率增加，并且安全问题影响颇大。

(二) 农产品质量安全监管的现状及问题

1. 监管法律不完善

我国农产品质量安全监管方面的法律尚未形成完备的体系。农产品法律法规缺乏统一性，质监部门依据的是产品质量安全法，卫生部门依据的是食品安全法，工商部门依据的是消费者权益保护法，令相关部门无所适从。现有法律法规的效力不够，特别在惩罚机制上，不能全面深入地对违反农产品质量安全相关法律法规的违法行为实施及时有效的惩罚和规制。

2. 监管执行力弱，各部门监管懈怠

农产品质量安全工作中政府领导、协调的责任及有关部门的监管职责分工不够明确具体，监管环节和责任难以分清，多头监管和监管缺位的现象同时存在。这使得许多部门推卸责任，消极怠工。

除此之外，相关部门并没有明确规定农产品质量安全风险评估、农产品产地准出、市场准入和有问题产品召回、退市、追溯等制度，农产品产地认定、产品认证、投入品管理、产地环境监测评价和农产品生产经营等规定也不具体，针对性和可操作性不强，行政处罚力度不够，难以有效遏制违法行为。

（三）对策及建议

1. 完善农产品质量安全的法律体系

法律是监管的前提，要做要执法必严就必须有法可依。做好原有法律的相互衔接，填补法律间的空白，给监管部门提供标准。

2. 加快农产品质量标准体系建设

农产品质量安全标准是农产品质量安全评价的重要依据，农产品质量标准关系到消费者的健康安全，关系到我国农业和社会经济的整体发展，还关系到我国农业对外贸易的良性发展。因此，建立和完善农产品质量标准体系，是政府向社会对农产品质量安全进行监管的重要手段。

3. 明确职能分工，提高监管效率

在部门分工上，加强沟通与合作，按照职能界定积极做好与各部门的协调配合，防止出现监管真空。严格落实责任，进一步明确职责范围，规范工作程序，落实工作措施，健全责任制度。

4. 加大采用信息系统监管力度

当今社会是信息社会，采用信息系统进行监管不仅能够保证监管信息记录的准确性而且能够及时找出问题所在，在问题才发生的时就对问题进行监控采取相关措施控制问题的蔓延和扩张。并且可以保证信息的透明性，减少灰色信息的存在。

第七章 责任的担当

学习目标：

通过学习，深入了解责任的含义，明白自我责任、家庭责任和社会责任的具体内涵、包括哪些方面，并努力在生活中做到。

第一节 自我责任

一、自我责任的含义

责任感则是一个人对待任务、对待公司的态度。一个人的责任感往往是在于人的交往中形成和得到巩固的。同时，在交往中学习为自己的选择承担责任，这是每个人都必须经历的过程。一个人的责任包含很多方面，如自我责任、家庭责任、集体责任、社会责任等，但自我责任是一切的基础和根本。

1. 我是谁

（1）我就是我自己，每个人都属于自己，对得起自己。

（2）自我唯一——自我珍惜——自我责任。

2. "我"是一个自我负责的主题

（1）"我"：独立自主、意志自由。

（2）"我"必须为"我"的选择与行为担负责任。

（3）"我"有能力也有义务为"我"的言行担负责任。

（4）做最好的自己——自我负责。

二、自我责任主要体现的方面

（一）为自己负责，成为博学多才的人

学习是人类进步的阶梯和发展的动力。不学习就会在新形势、新思维、新任务、新挑战面前无所适从、踌躇不前、无从下手。因此，我们要树立终身学习的理念，把"被动学习"变为"主动学习"。

要向书本学，向实践学，做到学以致用。同时，要把学到的东西不断进行拓展性思考，以增强解决实际问题的能力，增强用科学管理指导具体实践的本领。只有尽力学习了，知识增加了，阅历丰富了，才能在实践中言之有理、论之有据、思之成方。

（二）为工作负责，成为出类拔萃的人

为工作负责，就是要敬业，即尊敬、尊崇自己的职业。敬业是一种责任精神的体现，一个有敬业精神的人，才会真正为所从事的事业的发展做出贡献，自己也才能从工作中获得乐趣，实现自我价值。

一是时刻保持良好的工作状态。也可以叫做富有工作激情。激情是干好工作的根本，而保持激情的唯一方法就是爱上你的工作。曾有人文英国哲人杜曼先生，成功的第一要素是什么，他回答说："喜爱你的工作。如果你热爱自己所从事的工作，哪怕工作时间再长再累，你都不觉得是在工作，相反，像是在做游戏。"

二是真抓实干，重在落实。心态创造行动，行动造就结果。落实的关键就在于行动，落实的成效就在于结果。

三是于细微之处彰显责任。细节体现责任，责任决定成败。皮尔卡丹曾经对他的员工说："如果你能真正地钉好一枚纽扣，这比你缝出一件粗制的衣服更有价值。"在工作中，注重每个环节、做好每件小事，才是敬业精神的精华所在，才能打好成就大事业的坚实基础。

四是心系责任，勇于创新。责任驱动创新，创新实现责任。

（三）为社会负责，成为胸怀大爱的人

社会学家戴维斯说："放弃了自己对社会的责任，就意味着放弃了自身在这个社会中更好地生存的机会。"如今全社会都在提倡和谐，致力于构建和谐家庭、和谐国家、和谐社会。作为社会的一分子，我们理应将"和谐社会"这一崇高目标作为自己义不容辞的义务，这是一种社会责任的体现。

一是以团结为本。凝聚产生力量，团结诞生希望。团结是生存和发展的重要因素，更是敦促我们奋勇前行的源动力。在工作中，志同道合是团结的根基，在与人的交往中，尊重、信任、理解、帮助、关心是团结的基础。个人的力量再强大，对成就一项事业来说，也是微不足道。雷锋说过："一滴水只有放进大海里才永远不会干涸，一个人只有当他把自己和集体事业融合在一起的时候才能最有力量。"因此，在工作中我们明确自己的位置，摆正自己的心态，把责任与团结作为攻坚克难的制胜法宝。搞好团结，应把握好3点：其一是有原则，就是按照原则办事和组织纪律团结，不能无原则的团结；其二是有标准，就是做事要光明正大，不搞阴谋诡计；其三是有技巧，退步、忍让、包容、妥协也是一种技巧。

二是要与人为善。这里所说的善，并不是简单意义上的单纯、善良，而是一个人内心的宽容，思想上的博爱，与人与物的忍耐。《孟子·公孙丑上》曰："取诸人以为善，是与人为善者也。故君子莫大乎与人为善。"其本意是汲取别人的优点，与他人同做善事。后被引申发展为"以善意的态度对待和帮助他人"，即事事处处为他人着想，胸襟宽阔，豁达大度，不计小怨，从而达到与人和睦相处，团结共事的目的。或许有人会质疑，秉持"与人为善"之道做官、做生意、做学问、做工作，终究免不了要吃亏。然而，这种"吃亏"也许是指物质上的损失，但是一个人的幸福与否，却往往是取决于他的心境如何。如果我们用外在的东西，换来了心灵上的平和，那无疑是获得了人生的幸福，这便是值得的。

三是要低调本分。低调既是一种姿态，也是一种风度，一种修养，一种品格，一种智慧，一种谋略，一种胸襟。通俗地讲，就是做事情、干工作不出格、按照规定的动作办事、按照规矩出牌。具体讲就是——谦虚谨慎，不说过头话；人该怎样做：那就是讲诚信、重事实、认准人、慎交友；事该怎样做：那就是低调本分，不炫耀，不做过头事。

四是要换位思考。换位思考，就是设身处地为他人着想，即想人所想，理解至上。在日常的学习生活中，人与人之间发生矛盾、产生分歧是在所难免的，关键是要懂得如何正确对待与解决分歧、矛盾。古人云："己所不欲勿施于人"。在工作生活中，我们要学会"以责人之心责己，以谅己之心谅人"。因为每个人所受的教育程度不同、阅历不同、站的位置不同，对同一事情有不同看法，这很正常。无论在家庭、在单位，如果说话办事多站在对方的角度考虑问题，理解对方，我们就会减少许多不必要的家庭纠葛和社会矛盾，形成一个和睦的家庭，一个和谐的集体乃至一个和谐的社会。

五是要增强自己的非职务影响力和人格魅力。非职务影响力就是非权力的影响力，是用人格、人品、能力、才华、觉悟、风格等力量，让大家心甘情愿地服从领导。一定程度上讲，这个影响力更大、更重要。职务的影响力是客观的，有了这个职务就有了这个影响力，而非职务影响力是靠自身素质、能力和觉悟的不断提高形成自己的人格和人品，一个优秀的领导，应该更加注重历练自身的非职务影响力。

第二节　家庭责任

家庭与责任家庭是社会的细胞，有了健全的细胞，才会有健全的社会，家庭和睦，社会才会和谐。要想家庭和睦，每个家庭成员都必须有很强烈的家庭观念。

家庭责任是指个人要通过自己辛勤地劳动，对家庭成员生存和繁衍提供必要的物质条件，要及时进行情感交流，努力保证家庭成员在物质上和精神上能平安、健康、愉快地生活或成长。一个精神正常的人，至死都不会忘记自己的家庭责任。由于家族是放大了的家庭，所以家庭责任也可称为家族责任。

一、对父母的责任

子女对父母的责任主要是尊敬、孝顺、赡养义务。尊敬、孝顺可参照第七章第三节相关内容，这里主要介绍下对父母的赡养义务。

（1）赡养是指子女在物质上和经济上为父母提供必要的生活条件；扶助则是指子女对父母在精神上和生活上的关心、帮助和照料。

（2）子女对父母履行赡养扶助义务，是对家庭和社会应尽的责任：根据《中华人民共和国宪法》第49条的规定，成年子女有赡养扶助父母的义务。《中华人民共和国老年人权益保护法》的第10条规定，老年人养老主要依靠家庭，家庭成员应当关心和照料老人。

（3）子女作为赡养人，应当履行对老年人经济上供养、生活上照料和精神上慰藉的义务，照顾老年人的特殊需要。儿子和女儿都有义务赡养父母，已婚妇女也有赡养其父母的义务和权利。

（4）有经济能力的子女对丧失劳动能力和无法维持生活的父母都应予以赡养。

对不在一起生活的父母，应根据父母的实际生活需要和子女的负担能力，给付一定的赡养费用。赡养费用一般不低于子女本人或当地的普通生活水平，有两个以上子女的，可依据不同的经济条件，共同负担赡养费用。经济条件较好的子女应当自觉、主

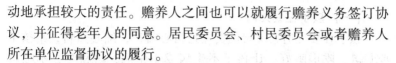

动地承担较大的责任。赡养人之间也可以就履行赡养义务签订协议，并征得老年人的同意。居民委员会、村民委员会或者赡养人所在单位监督协议的履行。

（5）赡养人的义务具体表现为以下几个方面：

一是应当妥善安排老年人的住房，不得强迫老年人迁居条件低劣的房屋。老年人自有的或者承租的住房，子女或者其他亲属不得侵占，不得擅自改变产权或者租赁关系。老年人的自有住房，赡养人有维修的义务。

二是赡养人不得要求老年人承担力不能及的劳动。

三是赡养人不得以放弃继承权或者其他理由，拒绝履行赡养义务。赡养人不履行赡养义务，老年人有要求赡养人付给赡养费的权利。老年人的婚姻自由受法律保护。子女或者其他亲属不得干涉老年人离婚、再婚及婚后生活。赡养人的赡养责任不得因老年人的婚姻变化而消除。

四是子女不仅要赡养父母，而且要尊敬父母，关心父母，在家庭生活中的各方面给予扶助。当年老、体弱、病残时，更应妥善加以照顾，使他们在感情上得到慰藉，愉快地安度晚年。

（6）如何追究子女不履行赡养父母的法律责任，需要赡养的父母可以通过有关部门进行调解或者向人民法院提起诉讼。人民法院在处理赡养纠纷时，应当坚持保护老年人的合法权益的原则，通过调解或者判决使子女依法履行赡养义务。对负有赡养义务而拒绝赡养，情节恶劣构成遗弃罪的，应当承担刑事责任。

二、对子女的责任

从现在的学制来讲，孩子从出生到读完博士，时间跨度是（6岁上学，小学6年，初中3年，高中3年，大学4年，研究生3年，博士至少3年）28年。当然，大多数的孩子可能大学4年后就去工作。不管是大学毕业，还是博士毕业，在这20多年里孩子的抚养成长中，父母的责任是重中之重。

（一）孩子在婴儿时

孩子在婴儿时，父母的责任是精心呵护，细心照料，给孩子吃母乳，吃饱睡好，让孩子不生病或小生病，讲科学，不唯科学，顺其自然，健康成长。

（二）孩子在幼童时

孩子在幼童时，父母的责任首先要管好自己，当好孩子的第一任老师，为人师表。在这个基础上，除满足孩子生长的物质生活外，要有意识的注意培养孩子的责任感、忠诚、正直、爱心、宽容等优秀品质；示范并教育孩子孝顺长辈、学习主动，劳动积极，勤俭节约，懂道理，讲礼貌，讲卫生的良好习惯。不要把电脑和电视当"保姆"，要经常和孩子一起参加亲子活动和户外活动以及尊老爱幼的活动，不要剥夺孩子的童年快乐，当好孩子的"全陪"，认认真真的种好自己的"责任田"。

（三）孩子在青年时

孩子在青年时，父母的责任，一是给孩子提供基本生活照顾。二是为孩子提供心理和生理医疗保健。三是保证有一个和睦家庭氛围。此时父母就有天大的不和也不要离异，为管教孩子提供一个良好的学习和家庭环境。四是满足孩子正当的学习和参加健康活动的要求。五是提供健康、适宜的休闲娱乐活动。六是培养正确的人生观和价值观。正面的接受、学习；负面的不要回避，重在引导。七是关注心理成长。这时的孩子正处在青春萌动和十字交差叉路口，对孩子的心理成长实行引领、疏导，切忌"堵塞"（比如早恋）。多与孩子沟通和老师交流，及时掌握孩子的思想动态，以便施教，使孩子的心理在健康的轨道上前行。八是不护短。孩子做错事，要帮助分析原因和危害，深刻认识，以后不再犯同样错误。同时，学会保护自己不受伤害。

（四）孩子上大学时

孩子上大学至工作前，父母的责任，由直接管理变为间接管

理。物质上提供必要物质生活保障，根据当地的中等生活水平而定量按时供给。在精神上，通过现代通讯和网络配合学校教育孩子在学做人的前提下，学习文化知识和技能，为将来工作打下坚实基础。在管理方法上，采取放"风筝"的办法，线在手中，当松且松，当紧就紧。

（五）孩子工作时

父母责任是扶上马送一程。在有经济能力的前提下给予一定工作启动资金，但不宜多，当孩子有工资收入后就终止，这样有利于孩子的积极奋斗。留给孩子的最大财富应当是做人的精气神，而不是房子、车子和银子。有工作经历的，孩子临行前，可根据自己的工作经历提供一些经验供孩子借鉴和参考。同时，要教育孩子踏实工作，和睦相处，遵纪守法，正当得利，堂堂正正为人，勤勤恳恳做事。父母做任何事，都不要给孩子帮倒忙。

（六）孩子有了孩子时

当孩子有了孩子时（即孙辈），父母"晋升"爷爷奶奶，或外公外婆，责任为由主变为次。此时父母的责任，一是尽量保养自己的身体，不让孩子担心和操劳，就是对孩子最大的负责。二是不宜主动承担对孙辈的培养教育，隔代亲，常有溺爱，对孙辈成长不利。即便参与，也只能从辅、从次。

个人是整个社会的一员，置于家庭，团体和社会之中，其素质的高低，直接关系到家庭的和睦，国家的繁荣，社会和谐。孩子能否健康成长，是否能成一个为自己、家庭、社会负责的人，是否能成为一个为社会有用人，父母责任首当其冲。

三、夫妻间的责任

夫妻关系是家庭关系的基础和核心。正确处理夫妻关系，对于保护当事人的合法权益，过着民主和睦的幸福生活，发挥家庭在社会生活中的积极作用，都有着重要意义。

(一) 夫妻交往原则

夫妻关系是家庭关系的主体和核心，是血亲和姻亲的基础。只有和睦相处的夫妻才会赢得幸福的家庭。健康的夫妻关系应遵循以下几条交往原则。

1. 切莫唯我独尊

唯我独尊我国的传统文化中认为"男尊女卑"，这直接影响到一部分丈夫，习惯要威风，对妻子发号施令，也有的女性，从小在娇生惯养中长大，养成了唯我独尊的习气，结了婚，就总想统治丈夫，漠视公婆。这是绝不可取的。

2. 遇事多商量

夫妻具有平等的家庭地位，应相互信任；有关家庭的决策，应相互协商。在日常生活中要以礼相待，须知尊重能唤起夫妻间崇高的爱情。

3. 避免争吵

夫妻不可能事事统一、处处一致，所以夫妻吵有"四忌"：忌口出秽言、忌"翻旧账"、忌"回娘家搬救兵"、忌人身攻击。为尽量避免夫妻间的争吵、降低争吵的程度，应注意如下几点。

（1）多尊重少责备。

（2）主动认错、永于自责。

（3）多一份幽默、多一点宽容。

（4）善于总结分析。

（5）手下留情。

4. 相互体贴

夫妻之间要做到相互关心、相互体贴的话，以下一些细节是应该讲究的。

（1）记住对方的生日：尤其是女性，对自己的生日或结婚纪念日记得特别准，一束鲜花、一件小礼品会令妻子激动不已。

（2）外出回归莫空手：女人的欲望无休止。但女人又是最容易满足的，只要丈夫心里有妻子，外出购来的一套衣服、一份化妆品、一件工艺品就会换来妻子更多的温柔与体贴。

（3）多一点赞赏：人人都有自尊，夸奖和鼓励能满足对方的心理。

（4）照顾伴侣的兴趣：相互谦让，相互照顾对方的兴趣，就会使对方体会到一种爱、一种理解和支持，夫妻感情就会得到又一次的升华。

（二）夫妻间的权利和义务

（1）夫妻双方对子女有平等的抚育权利和义务：抚养、教育子女是夫妻双方平等的义务和责任，如未成年子女造成他人损害的，夫妻有平等的经济赔偿责任。同样，抚育子女也是夫妻双方平等的权利，任何一方不能拒绝对方行使其权利。即使夫妻离婚，这一义务和权利也不得改变。

（2）夫妻双方都有实行计划生育的义务者说我国婚姻法的一项基本原则，是每个公民艘必须遵守的，在家庭中无论丈夫或妻子，都应平等地承担这一义务。如违反了这一法定义务，夫妻双方应平等地承担法律责任。

（3）夫妻双方有相互扶养的义务：夫妻是共同生活的伴侣，应该在精神上相互慰藉，经济上相互扶助，无论丈夫或者妻子，只要生活困难需要扶养的，另一方必须对其尽扶养的义务。

（4）对夫妻共同财产，夫妻有平等的处理权，任何一方擅自处理，在法律上都没有效力。

（5）对夫妻共同的债务，夫妻有平等的清偿义务：夫妻共同债务是指在夫妻关系存续期间，夫妻双方一方为家庭共同生活所欠的债务，如抚养子女、赡养双方的老人等。

第三节 社会责任

我们的生存依赖于社会，自然，我们对这个社会就必须具有责任感。这是做人的最基本的道德。没有社会责任感的人，就如同对父母没有孝顺品德的人一样，是一个流离于社会之外的另类人物。

社会责任感，可以从两个方面来进行分析。首先，组成社会的基本要素是每一个自然人。正是一个个人，构建了复杂的人类社会。从这个意义上讲，人的素质如何，也就决定了社会发展的水平如何。这如同学生成绩如何，也就决定了这个学校的教育水平如何一般。其次，人人都是文明的人，社会自然也就是文明的社会了。而绝大多数人如果是野蛮的，那么，这个社会也就不可能是文明的社会了。如果你来到一个原始部落，就会见到那些未曾开化的人，而绝对不可能遇到现代文明社会中充满知识和智慧的人。如果你进入一个现代文明的国度，所见所闻，自然是被现代文化熏陶的文明人，而再不可能遇到赤身裸体的野蛮人。人们是什么样的，社会也就是什么样的。一个人到了国外，彬彬有礼，人家就会说，中国毕竟是文明古国呀。如果你一点修养也没有，公共场所大吵大闹，人家当然要议论这个东方民族的落后了。个人和这个民族，和这个国家，就是这样紧密地联系在一起。

因此，为了使我们的社会更加文明和美好，我们每一个人都必须从自己做起，努力学习，不断提高文化素养和道德水平，不愧为文明时代的文明人。要为自己的无知给社会文明发展带来牵制，而感到羞愧。至于道德沦落，行为猥琐，则绝对是一种罪过了。唯有如此，才能提升民族精神，才能使国家振兴和民族崛起的目标，成为现实。否则，如果大家都缺少这个社会责任感，贪图安逸享受，不思进取，也就不可能有文化上的作为和发展，社会的进步也将永远是一句空话了。

所以，依赖于社会生存的人，不能不为建设好自己的社会而努力学习和工作。唯有如此，社会才能进步发展，从而个人的生活才能更加幸福。塞缪尔·斯迈尔斯说得好："人们并不仅仅是只为自己而生存。除了为自己的幸福而生存以外，他也为别人的幸福而生存。每个人都有自己需要履行的职责。"他还说："最有价值的生活却绝对不是那种只追求自我享乐的生活，甚至也不是那种沽名钓誉的生活，而是那种在每一项美好的事业中都扎扎实实、兢兢业业地做一些给社会带来希望和益处之工作的生活。"

【思考题】

1. 简述责任的含义。
2. 简述自我责任、家庭责任和社会责任的具体内涵。

第八章　身心健康

学习目标：

通过学习，深入了解身心健康的含义，了解影响农信身心健康的因素，努力培养有益于身心健康的生活习惯。

第一节　身心健康素质内涵

一、身心健康的内涵

联合国世界卫生组织对健康下的定义是：健康不但没有身体疾患，而且有完整的生理、心理状态和社会适应能力。

二、身心健康的标准

（一）身体健康的标准

世界卫生组织确定的身体健康 10 项标志。

（1）有充沛的精力，能从容不迫地担负日常的繁重工作。

（2）处事乐观，态度积极，勇于承担责任，不挑剔所要做的事。

（3）善于休息，睡眠良好。

（4）身体应变能力强，能适应外界环境变化。

（5）能抵抗一般性感冒和传染病。

（6）体重适当，身体匀称，站立时头、肩、臂位置协调。

（7）眼睛明亮，反应敏捷，眼和眼睑不发炎。

（8）牙齿清洁，无龋齿，不疼痛，牙龈颜色正常且无出血现象。

（9）头发有光泽，无头屑。

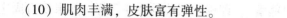

（10）肌肉丰满，皮肤富有弹性。

（二）心理健康的标准

世界卫生组织确定心理健康的六大标志。

（1）有良好的自我意识，能做到自知自觉，既对自己的优点和长处感到欣慰，保持自尊、自信，又不因自己的缺点感到沮丧。

（2）坦然面对现实，既有高于现实的理想，又能正确对待生活中的缺陷和挫折，做到"胜不骄，败不馁"。

（3）保持正常的人际关系，能承认别人，限制自己；能接纳别人，包括别人的短处。在与人相处中，尊重多于嫉妒，信任多于怀疑，喜爱多于憎恶。

（4）有较强的情绪控制力，能保持情绪稳定与心理平衡，对外界的刺激反应适度，行为协调。

（5）处事乐观，满怀希望，始终保持一种积极向上的进取态度。

（6）珍惜生命，热爱生活，有经久一致的人生哲学。健康的成长有一种一致的定向，为一定的目的而生活，有一种主要的愿望。

三、保持身心健康的措施

（一）树立明确的生活目标

斯大林说："只有伟大的目标，才能产生伟大的毅力。"目标是灯塔，目标是旗帜，一个人如果没有生活的目标，就只能在人生的征途上徘徊，永远达不到理想的彼岸，生活就显得平庸、乏味、无聊，就可能滋生各种有害健康的恶习。人生在世，需要追求的东西很多，但由于受到生活环境层次、社会文化情景层次和个人实际条件等主、客观因素的限制，往往是"熊掌和鱼"不可兼得。这就要求我们在现实生活中牢牢把握这样一个原则：要

"鱼"，还是要"熊掌"，即确定明确的奋斗目标。如果没有固定的人生追求目标，一会儿要"鱼"，一会儿要"熊掌"，过一会儿"鱼"和"熊掌"都想要。但令人遗憾的是，一生生活得十分艰辛，却没有干成一件像样的事情。

（二）凡事宽以待人

《心灵导师情绪管理》一书指出：付出，让你更健康。在当今世界，科学技术突飞猛进，知识经济已见端倪，竞争已达到了白热化的地步。明确目标，追求人生成功，纵然是获得健康的要素，但伸出援助之手，宽以待人，携手共进，却是使人永远年轻、健康、快乐的"添加剂"。华德先生是美国最大通讯公司的广告和公共关系部门的主管，闲暇时，他为堪萨斯州感化院的"假释犯"当义工，为儿童之家募款，还捐出了14加仑的血液给州立血库，这一切令华德先生觉得："我是个快乐的家伙！"他健康充实的人生说明了"宽以待人，行善乐施"能美化人生，抵抗生活压力。我们知道，心胸宽大的人较快乐。圣经说：播种什么，收割就收获什么。宽宏大量，无私助人，通常会得到一些你意想不到的珍贵的回赠：那就是我们助人时所引发的爱和感谢。爱和压力一样也有积累效果。美国医学家塞尔斯博士说，如果我们能囤积好的感觉，像燕子囤积食物过冬一样，我们也能安全稳妥地度过逆境，这些感觉在一切都不顺利时，提醒我们自己有良好的前景，而获得信心和勇气，这样生活就容易多了。

（三）养成良好的生活习惯

我国上古时代的奇书《黄帝内经》上说："上古之人，其知道者，法于阴阳，和于数术，饮食有节，起居有常，不妄劳作，故能形与神俱，而尽终其天年，度百岁乃去"。这里特别强调了饮食有节，起居有常，要求人们养成良好的生活习惯。良好生活习惯会使人终生受益，其中对健康的价值更是不可低估！

（四）要有合理的营养构成

青少年正处于长身体的重要阶段，对各类营养物质都有特殊的要求。这一阶段，一方面由于身体活动量大，新陈代谢旺盛，学习、生活、劳动、体育锻炼都需要消耗较多的热量，因此，基本需热量高；另一方面，身体生长发育也需要提供额外的"原料"。在身体发育这一重要时期，保证糖、脂肪、蛋白质、矿物质、维生素和纤维素等基本营养的合理供给是十分重要的。合理的饮食应该是每餐八分饱，主、副食各占一半，主食宜粗细粮搭配；副食以 1：1：3 的比例为宜，即动物蛋白（鸡、鸭、鱼、肉等）1 份，植物蛋白（黄豆及各种豆制品）1 份，蔬菜、水果3 份。

（五）保持青春活动力的秘诀在于运动

科学研究证明，通过体育活动可以促使头脑清醒，思维敏捷。因为体育运动能够使大脑获得积极性休息，改善大脑的供血状况，使大脑保持正常的工作能力；体育运动能够促进血液循环，提高心脏功能，特别是在运动时，冠状动脉的血流量要比安静时高 10 倍。国外一位生物学家实验发现，马拉松运动员的冠状动脉的直径要比一般人长 1～2 倍，这就是运动能预防冠心病的生理依据；运动还能改善呼吸系统的功能。由于肌肉活动时需氧量增加，呼吸加速、加深，这就促进了肺及其周围肌肉、韧带的发展和功能的提高；运动还可以使骨骼、肌肉结实有力。

（六）必不可少的业余爱好

现代生活既紧张又繁忙，我们在繁忙和紧张的学习、工作和生活之余，找一个安静理想之地，从事一些自己感兴趣的事作为业余消遣活动，这对于调养心情、消除疲劳是很有好处的。如练练书法、玩玩乐器、画画、集邮、下围棋、象棋、搞点摄影、小制作等，都是增进健康的理想项目，可根据自己的兴趣选择和培养。一旦认定，就要坚持下去，使它成为自己真正的兴趣爱好，并尽可能争取有新造诣。

（七）塑造幽默乐天的性格

"幽默是日常生活愉快的添加剂，幽默是生活波涛中的救生圈"。事实上，能帮你打开紧锁的眉头，松散额上的皱纹，舒张紧缩的心肌，忘却生活中的烦恼，幽默是功不可没的。运用幽默调节身心健康是有其科学依据的。有医生在"无法治疗的病"的研究中发现：幽默和生理状态有很大的关联。幽默引起的大笑会使肌肉乱了步调，与肌肉有关的疼痛就可能在一阵大笑之后随之消失；大笑会刺激大脑分泌一种儿茶酚胺的荷尔蒙，这种荷尔蒙能引发"内啡素"的大量分泌，而起到自然止痛的效果；幽默地大笑会使全身肌肉舒展，进而舒张血管，使紧张充血的内脏器官得到缓解而有节律地张弛，获得积极地按摩。

第二节　影响农民身体健康的因素

一、健康教育工作普及程度不高

据相关资料显示，我国农村还没有系统地进行健康教育工作。农民文化素质较低，几乎没有自己订报刊杂志或上网学习的习惯。健康常识多在广播电视中获得，这是微不足道的。现有的卫生与文化部门对农村的宣传教育还太欠缺。一些文化站等更是应付上级检查的虚设机构，到位的资金不能专用，有真实的牌子，有虚设的站长，没有实质性工作。

二、农民缺乏预防控制疾病的科学知识

农民现有的基本卫生知识贫乏，远不能满足农村疾病预防控制的需求，不健康的生活方式和行为习惯还未得到彻底纠正，因病致贫、因病返贫的现象还时有发生。第 3 次卫生服务调查显示，仍有农村居民不知道艾滋病传播途径。而对于传染性结核病

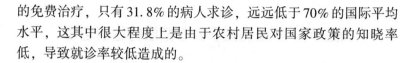

的免费治疗，只有31.8%的病人求诊，远远低于70%的国际平均水平，这其中很大程度上是由于农村居民对国家政策的知晓率低，导致就诊率较低造成的。

三、垃圾、厕所处理不当

目前，绝大多数农村的垃圾是随意丢弃的，尚没有垃圾处理场所。家庭与公共厕所也属于自然型。所以，许多农村给人一种脏乱差的印象。特别到夏天，垃圾的随意堆放，给蚊蝇滋生提供了方便，加速了疾病的生成与传播。

四、饮水不洁

现阶段农村饮用水方式包括普通自来水、自家铁管井、地面浅水井等。由地面浅水井到定时供应自来水是农村的一大进步，但此种饮水方式与城市的自来水还有本质的区别。国家调查审计抽查72个县的农村学校中，饮水达不到国家规定标准的占35%。农村特别是偏远地区达标率更低。

五、空气质量因素

洁净的空气是人类健康的又一大要素，随着工业的乡镇化转移，汽车的增多，农村空气质量也越来越差。而农民露天焚烧秸秆，更加剧了空气的污染。

焚烧秸秆会释放大量的二氧化碳，此外还会导致大气中二氧化硫、二氧化氮、可吸入颗粒物3项污染知识明显升高。当可吸入颗粒物浓度达到一定程度时，会对人的眼睛、鼻子和咽喉等具有黏膜的器官产生较大刺激，轻则造成咳嗽、胸闷、流泪，严重时可能导致支气管炎等严重疾病。

第三节 养成有益于身心健康的生活习惯

任何时候，不健康的生活习惯都是袭击健康的杀手，而健康习惯则让生命受益。所以，健康更取决于习惯，来自于日常生活的点点滴滴。

一、晨起先饮水

每天早晨起床，在未进食之前喝一大杯水，对机体既是一次极大的补偿，又是一种有效的净化。清晨，胃内食物已经排空，新饮进的水约经过 21 秒钟就能到达身体的每一个角落，促进全身的吐故纳新。首先，洗涤机体，清除污染，保证细胞的新陈代谢。其次，滋润机体，避免疾患。稀释血液，降低血黏度，有效地预防心脏病和中风。还有助于机体代谢，废物排泄，补充睡眠中随呼吸、汗液等丧失的水分，消除疲劳。

二、吃一顿营养早餐

吃一顿优质的早餐可以让人在早晨思考敏锐，反应灵活，并提高学习和工作效率，而且有吃早餐习惯的人比较不容易发胖，记忆力也比较好。

早餐必须具备三项条件：一要有足够水分；二要有足够的能量；三要有足够的蛋白质。一顿理想的抗压早餐是富含蛋白质、碳水化合物以及纤维的早餐，如由稀饭（碳水化合物）、瘦肉或鸡蛋（蛋白质）、一个水果或一碟凉拌蔬菜（纤维素）构成的早餐。

三、少发脾气

"敌意"低的人，血液的带氧腺体数目也会增加，带氧腺体就像高速公路的开道车，可以让人的免疫细胞快速抵达病菌入侵现场。把坏脾气丢掉，更乐观的面对生活。大笑可以减少压力荷尔蒙。

四、感恩生活

多感谢生活给予自己的东西，多帮助他人。一项针对 2 700 名美国社区志工的调查显示，这群人罹患心脏病、忧郁症及传染病的比率，比没有担任志工的人少 2 ~ 5 倍。做善事之后，脑啡释放的量会提高，从而增加快乐、减少因忧愁造成的压力蛋白。

五、眼睛累了要休息

缓解眼睛疲劳的最佳方式是让眼睛休息，方法简单极了：当你打电话时，如果不需要读什么或者写什么，就把眼睛闭上。

眼睑是眼睛最好的按摩师，特意眨眼并转动眼球 10 次，一天重复若干次，有助于清洁眼睛并能缓解眼部疲劳。

六、每日多吃蔬果

多吃蔬菜水果的人，可以减轻癌症与心脏病的风险。建议你，把蔬果放在最容易看到、随手就可以拿到的地方，提醒自己多吃蔬果，也可以把蔬果切丁，当做点心，代替那些会令你发胖的饼干、零食。

七、每日运动 30 分钟

每天运动 30 分钟就可以得到运动的好处，包括预防心脏病、糖尿病、骨质疏松、肥胖、忧郁症等，甚至有研究指出，运动可以让人感到快乐，增强自信心。如果你很久没有运动，可以从走路运动开始，走路是最简单、最省钱的心肺功能训练，每天快走 20 ~ 30 分钟，持续走下去，一定能感受到许多好处。

八、挺胸抬头

"抬起头来将会令你外表年轻一些，而且可以减少患病机会。"当你抬头挺胸时，胸膛会挺起，肺活量可增加 20% ~ 50%，空气吸入多，身体组织所获得的氧气量也就随之增多。当一个人获得较多氧气供应时，身体就不易疲倦。同时，抬头也会减轻腰骨痛，因为挺胸的姿势会减少脊椎的弧度。

九、吃饭时把电视关掉

儿童在吃饭的时候看电视，通常会容易导致肥胖，且会延长收看电视的时间高达 70 分钟。所以，不管大人或小孩，吃饭时，最好关掉电视，专心的吃饭，好好享受桌上的食物。

十、停止擅服抗生素

不要因为身体不适就随意的服用抗生素。尤其在感冒以后，因为 90% 的感冒属于病毒性，抗生素根本没有用，抗生素只对细菌感染有效。服用不必要的抗生素会助长癌细胞产生针对抗生素的抗体，这样当你真正需要抗生素时，可能就不管用了。你只在严重的皮肤感染、喉部链球菌感染、肺炎等真正的细菌感染时才需要抗生素，而这需要医生判定。

十一、杜绝"病经手入"

手在很多疾病的传播中发挥着极为重要的传播媒介作用，沾染有细菌与病毒的手接触口腔及鼻子周围的皮肤，都可以经手的传送作用而造成感染与传播，所以，"病经手入"并非言过其辞。因此，勤洗手也就显得格外重要了。

十二、再忙也要和家人亲密

拥有亲密关系可以预防与减缓心脏病，甚至可以提供生命坚强的抵抗力。不管外在生活多么多彩多姿，每个人都需要拥有可以打开心扉、分享心事的亲密关系。所以不管再忙，每天也要和家人聊聊天，滋养彼此的亲密关系。

十三、戒烟

抽一根烟会产生超过 4 000 种化学物质，其中四十几种会致癌，吸烟者死于肺癌的人数是不吸烟者的 16 倍。戒除吸烟的习惯，不仅对自己的健康有利，也是对家人爱的表现。因为二手烟比一手烟还毒，已被世界卫生组织列为头号致癌物质，而孩子往往是二手烟最大的受害者。超过 1/4 的婴儿猝死是因为父母吸烟，导致婴儿吸入二手烟引起的。二手烟也会增加儿童气喘的次数，且加重病情。

十四、打开窗户把大自然请进屋

最好的消灭病菌的方法就是通风，在阳光和空气流动的作用下，病毒甚至在几分钟内就会被杀灭。因此建议大家要保持室内通风，尽管天气冷，室内也要保持良好的空气流通。

十五、适当晒太阳

阳光是一种天然的兴奋剂。最好的提神方法是晨曦中做 30 分钟的散步或慢跑。因为这可以使身体贮存大量的维生素 D，有助于维护骨骼和牙齿的强健。太阳下还是最好物理消毒场所，所以，养成经常晾晒被褥和衣物的好习惯吧。

十六、坚信今晚睡得更好

许多人把工作上的事也带到了床上，他们躺在床上却想着白天的工作，或者计算自己的账本，甚至在脑子里和老板打架。如果你发现自己也是这样，不妨找一把"焦虑之椅"：上床睡觉前，先安静地坐在上面十分钟，仔细回顾一天中发生过的事情，你可能什么问题都解决不了，但至少可以在脑子里给它们排个次序，找到明天最先要解决的事情。

第四节　树立正确的幸福观

幸福观是人们对自身所具备的生存与发展条件的一种肯定的情感验，是世界观和人生观的反映。我们的社会为每个人追求和实现幸福提供了基本条件。在全面建设小康社会和构建和谐社会的进程中，人们应该树立正确幸福观。

一、要深刻理解幸福

理解幸福既是拥有幸福的基础，又是拥有幸福的前提。千百年来幸福问题一直是被哲学伦理学研讨的重要课题，但幸福是什么至今依然没有一个确切的定义。人们应该认识到：幸福是知识渊博情趣雅致的精神富足。精神上的富有才是最为持久的幸福。而要取得精神的财富，读书是最有效的方式。幸福是知足常乐善于感恩的淡然心境。知足常乐是一种豁达乐观的人生态度，是一种能够理性看待自己得失的价值观。以平常心来淡看庭前花开花落，以求索心，来追求知识能力的提升，以感恩心来对待组织、对待工作、对待生活，以平和心来体验平凡的幸福。

二、要理性感受幸福

理性感受幸福，就应该勇于学习、勤奋工作，扩大幸福的分子，控制自己的欲望，缩小分母，才能真正享受幸福。

首先是物欲有度，在生活待遇上知足。我们不否认正当的物质利益，但关键是要把握好度。生活中不能盲目攀比，更不能心存贪念。

其次是境界无边，在精神上有高追求。幸福在一定程度上是一种思想境界。高雅的情趣、高深的修养可以抵御物欲的诱惑。

再次是勤奋工作，在成就中体验幸福。幸福的本意体现的是人们在理想实现后的身心愉悦，成就感是幸福的恒定要素。如果

你能在勤奋工作中获得成就感，也就能同时获得幸福感。

三、合理追求幸福

追求幸福，就是追求希望追求未来。我们要确立科学的人生目的、生活目标和工作目标。把树立正确的幸福观建立在全心全意为人民谋利益上，把树立正确的幸福观建立在忘我的工作中，把树立正确的幸福观建立在清廉自守中。

四、理智享受幸福

与其说幸福是孜孜以求、费心尽力得到的报偿，不如说幸福是一种智慧，是一种心灵的感悟。我们要拥有一颗平常心，用幸福眼看世界，那么他就会拥有幸福。要常怀敬畏之心做一个谦逊的人。敬畏使人向上苍开放一己的内心，使人爱而诚恳，使人庄重而谦卑。

要常弃非分之想做一个自律的人。所谓非分之想，就是那些超出自己本分的想法和要求。许多腐败分子在各种诱惑面前，不虑于微，不防于小，终因"忍不过"而吞下"诱饵"，祸延国家和人民，殃及自身。要常修为政之德做一个高尚的人。"己不正，焉能正人"。要常思索取之害做一个健康的人。索取和分享恰好是人类最根本的两种本能，可我们常常泛滥了前者却遗忘了后者。讲分享，就是让自己"内省吾身"，看到自己的不足，找到自己努力的方向。更重要的是，分享本身就是一种喜悦，是一种健康的心态，多发现身边的美与善，时刻体验温暖的人生，就会放弃、淡化贪欲，珍惜当下的幸福。

五、正确定位幸福

构建和谐社会要求人们的幸福观应该体现和谐社会的特征，其基本定位体现在以下 4 个方面。

一是坚持物质幸福与精神幸福的和谐统一。既有富足的物质生活，又有充实愉悦的精神幸福。丰富的物质生活为人们追求高尚的精神生活奠定基础，充实的精神生活为进一步创造物质财富提供智力与精神支持。

二是坚持个人幸福与家庭幸福、社会整体幸福的和谐统一。个人、家庭所追求、所得到的幸福，应该是整个社会的幸福有益的。

三要坚持眼前幸福与长远幸福和谐统一。社会是发展的，人也是发展的，必然要求人不仅要着眼于眼前的幸福快乐，也要为得到未来快乐幸福而考虑，使眼前幸福延伸到未来。

四要坚持幸福的目标与实现幸福的手段和谐统一。这方面特别要将劳动和创造作为获得幸福的主要手段和源泉，将劳动作为享受幸福的前提，将享受幸福当做创造的结果。

【思考题】
1. 简述身心健康的含义。
2. 简述影响农民身心健康的因素。

第九章　科学创业

学习目标：

通过学习，在介绍创业与创业者概念的基础上，深入了解创业者应该具备的素质，以及如何培养这些素质，为新型职业农民成功创业做好前期准备。

第一节　创新与创业的关系

一、创新的内涵及主要特征

（一）创新的含义

创新是以现有的思维模式提出有别于常规思路的见解为导向，利用现有的知识和物质，在特定的环境中，本着理想化需要或者为满足社会需求而改进或创造新的事物、方法、元素、路径、环境，并能获得一定有益效果的行为。具体来说，创新是指人为了一定的目的，遵循事物发展的规律，对事物的整体或其中的某些部分进行变革，从而使其得以更新与发展的活动。

关于创新的标准，通常有狭义与广义之分。狭义的创新是指提供独创的、前所未有的、具有科学价值和社会意义的产物的活动。例如，科学上的发现、技术上的发明、文学艺术上的创作、政治理论上的突破等。广义的创新是对本人来说提供新颖的、前所未有的产物的活动。也就是说，一个人对问题的解决是否属于创新性的，不在于这一问题及其解决办法是否曾有别人提出过，而在于对他本人来说是不是新颖的。

具体来说，创新主要包括以下 4 种情况。

（1）从生物学角度来看：创新是人类生命体内自我更新、自我进化的自然天性。生命体内的新陈代谢是生命的本质属性。生命的缓慢进化就是生命自身创新的结果。

（2）从心理学角度来看：创新是人类心理特有的天性。探究未知是人类心理的自然属性。反思自我、诉求生命、考问价值是人类客观的主观能动性的反映。

（3）从社会学角度来看：创新是人类自身存在与发展的客观要求。人类要生存就必然向自然界索取需要，人类要发展就必须把思维的触角伸向明天。

（4）从人与自然关系角度来看：创新是人类与自然交互作用的必然结果。

（二）创新的主要特征

创新既是由人、新成果、实施过程、更高效益四个要素构成的综合过程，也是创新主体为实现某种目的所进行的创造性的活动。它的主要特征包括以下几个方面。

1. 创造性

创新与创造发明密切相关，无论是一项创新的技术、一件创新的产品、一个创新的构思或一种创新的组合，都包含有创造发明的内容。创新的创造性主要体现在组织活动的方式、方法以及组织机构、制度与管理方式上。其特点是打破常规、探索规律、敢走新路、勇于探索。其本质属性是敢于进行新的尝试，包括新的设想、新的试验等。

2. 目的性

人类的创新活动是一种有特定目的的生产实践。例如，科学家进行纳米材料的研究，目的在于发现纳米世界的奥秘，提高认识纳米材料性能的能力，促进材料工业的发展，提高人类改造自然的能力。

3. 价值性

价值是客体满足主体需要的属性，是主体根据自身需要对客体所作的评价。创新就是运用知识与技术获得更大的绩效，创造更高的价值与满足感。创新的目的性使创新活动必然有自己的价值取向。创新活动源于社会实践，又向社会提供新的贡献。创新从根本上说应该是有价值的，否则就不是创新。创新活动的成果满足主体需要的程度越大，其价值就越大。一般来说，有社会价值的成果，将有利于社会的进步，如伦琴射线与 X 光透视。

4. 新颖性

新颖性，简单理解就是"前所未有"。创新的产品或思想无一例外是新的环境条件下的新的成果，是人们以往没有经历体验过、没有得到使用过、没有贯彻实施过的东西。

用新颖性来判断劳动成果是否是创新成果时有两种情况：一是主体能产生出前所未有成果的特点。科学史上的原创性成果，大多属于这一类。这是真正高水平的创新；二是指创新主体能产生出相对于另外的创新主体来说具有新思想的特点。例如，相对于现实的个人来说，只要他产生的设想和成果是自身历史上前所未有的，同时又不是按照书本或别人教的方法产生的，而是自己独立思考或研究成功的成果，就算是相对新颖的创新。二者没有明显的界限，只有一条模糊的边界。正如照相机的发明者埃德·兰德（Edwin Herbert Land）所说："一个人若能达到发明或思考对自己来说是新东西的程度，那么就可以说他完成了一项创造性行为。"

5. 风险性

由于人们受所掌握的信息的制约和对有关客观规律的不完全了解，人们不可能完全准确地预测未来，也不可能随心所欲地左右未来客观环境的变化和发展趋势，这就使任何一项改革创新都具有很大的风险性。

二、创业的内涵及类型

创业就是创业者对自己拥有的资源或通过努力能够拥有的资

源进行优化整合，从而创造出更大经济或社会价值的过程。

创业是一种劳动方式，是一种需要创业者运营、组织及运用服务、技术、器物作业的思考、推理和判断的行为。而根据杰弗里·蒂蒙斯（Jeffry A. Timmons）所著的创业教育领域的经典教科书《创业创造》（New Venture Creation）的定义：创业是一种思考、推理结合运气的行为方式，它为运气带来的机会所驱动，需要在方法上全盘考虑并拥有和谐的领导能力。

创业作为一个商业领域，致力于理解创造新事物（新产品、新市场、新生产过程或原材料，组织现有技术的新方法）的机会，如何出现并被特定个体发现或创造，这些人如何运用各种方法去利用和开发它们，然后产生各种结果。

通过调查发现，创业类型主要可以分为以下几种。

（1）离职创立新公司，新公司与原来任职公司属于不同行业性质，新公司也必须立即面对激烈的市场竞争。

（2）新公司由原行业精英人才组成，企图以最佳团队组合，集合众家之长，来发挥竞争优势。

（3）创业者运用原有的专业技术与顾客关系创立新公司，并且能够提供比原公司更好的服务。

（4）接手一家营运中的小公司，快速实现个人创业梦想。

（5）创业者拥有专业技术，能预先察觉未来市场变迁与顾客需求的新趋势，因而决定掌握机会，创立新公司。

（6）为提供特殊市场顾客更好的产品与服务而离职创立新公司，机关报公司具有服务特殊市场的专业能力与竞争优势。

（7）创业者为实现新企业理想，在一个刚萌芽的新市场中从事创新，企图获得领先创新的竞争优势，但相对的不确定性风险也比较高。

（8）离职创立新公司，产品或服务和原有公司相似，但是在流程与营销上有所创新，能为顾客提供更满意的产品与服务。

三、创新与创业的联系和区别

虽然创业与创新是两个不同的概念，但是两个范畴之间却存在着本质上的契合，内涵上的相互包容和实践过程中的互动发展。

创新是创业的基础，而创业推动着创新。从总体上说，科学技术、思想观念的创新，在促进人们物质生产和生活方式的变革，引发新的生产、生活方式，进而为整个社会不断地提供新的消费需求，这是创业活动之所以源源不断的根本动因；另一方面，创业在本质上是人们的一种创新性实践活动。无论是何种性质、类型的创业活动，它们都有一个共同的特征，那就是创业是主体的一种能动的、开创性的实践活动，是一种高度的自主行为，在创业实践的过程中，主体的主观能动性将会得到充分的发挥和张扬，正是这种主体能动性充分体现了创业的创新性特征。

创新是创业的本质与源泉。经济学家熊波特曾提出，"创业包括创新和未曾尝试过的技术"。创业者只有在创业的过程中具有持续不断的创新思维和创新意识，才可能产生新的富有创意的想法和方案，才可能不断寻求新的模式，新的思路，最终获得创业的成功。

创新的价值在于创业。从一定程度上讲，创新的价值就在于将潜在的知识、技术和市场机会转变为现实生产力，实现社会财富的增长，造福于人类社会。而实现这种转化得根本途径就是创业。创业者可能不是创新者或是发明家，但必须具有能发现潜在的商机和敢于冒险的精神；创新者也并不一定是创业者或是企业家，但是创新的成果则是经由创业者推向市场，使潜在的价值市场化，创新成果也才能转化为现实生产力。这也侧面体现了创新与创业的相互关联。

创业推动并深化创新。创业可以推动新发明、新产品或是新服务的不断涌现，创造出新的市场需求，从而进一步推动和深化各方面的创新，因而也就提高了企业或是整个国家的创新能力，推动经济的增长。

第二节　如何科学创业

新型农民工要进行科学的创业，需要做大量理论和实践方面的工作，做好充分的心理准备，不能急功近利，要循序渐进地走好每一步。

一、重视创业素质的自我培养

首先，成功的创业者要有才、有胆、有识，同时有坚忍不拔的意志，能克服创业过程中的困难，按照创业者素质的培养规律，重视创业素质的自我培养，注重培养自己的能力，锤炼自己的胆量。

其次，要克服万事俱备再去创业或者自己具备全部企业者物质再去创业的错误观念。如果那样，没有人能去创业，因为不可能存在具备上述创业者全部特质的人。

实践证明，创业者素质的培养是有规律的，其成长也是有过程的。而从实践中汲取经验和教训是创业者成长的捷径。

二、良好的创业心理品质是重要环节

心理学研究表明，非智力因素及情商在个体活动中具有决定性的作用。在创业能力的形成中，必须重视发挥创业心理优势，消除创业心理障碍，更要树立自信、自强、自主、自立意识。

自信就是对自己充满信心，相信自己的能力、有条件去开创自己未来的事业。自信赋予人主动积极的人生态度和进取精神，相信自己能够成为创业的成功者，尤其在遇到失败和挫折时更需要自信。自强就是在自信的基础上，通过企业的实践，不断增长自己各方面的能力，进一步磨炼自己的意志，树立起自己的形

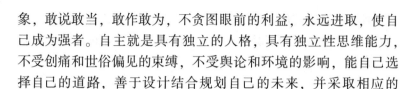

象，敢说敢当，敢作敢为，不贪图眼前的利益，永远进取，使自己成为强者。自主就是具有独立的人格，具有独立性思维能力，不受创痛和世俗偏见的束缚，不受舆论和环境的影响，能自己选择自己的道路，善于设计结合规划自己的未来，并采取相应的行动。

三、注重能力的综合培养是重要方面

创业涉及方方面面，需要与不同的人和事打交道，对人的能力要求很高。因此，对创业者综合能力的要求很高，其中包括组织协调能力、创造能力、经营能力、管理能力、语言表达能力、判断能力、公关能力、应变能力、分析问题和解决问题能力、把握机遇的能力等。

学会认知就是教人掌握认知的方法，学会学习的方法、手段，培养发现问题、分析问题和解决问题的能力。学会做事就是要培养创新能力、应变能力和驾驭处理复杂突发事件、应对危机的能力。学会共同生活就是要培养团结协作能力和团队精神，培养竞争意识和管理能力。学会生存就是要不断增强自主性、判断力和个人责任感，培养交际能力、语言表达能力、判断能力等。

四、在复杂多变的创业实践中提升自己

创业道路肯定不是一帆风顺的，创业者应着重培养自己过硬的心理素质，既能海纳百川、虚怀若谷，又要经受住失败和挫折，压不弯，打不垮。创业者也要抱有一种对成功坚定追求的态度，凭借知识、智慧和胆识去开创能发挥个人所长的事业。

创业的环境是动态变化的，创业过程中的策略和措施必须根据具体环境的变化作出调整。创业者只有按照事物的主流把握调整战略方向，针对具体的变化形式提出应对措施，才能在不断变化的环境中趋利避害、化被动为主动，从而最终赢得胜利。创业是一个斗体力的活动，更是一个斗心力的活动。创业者的智谋在

很大程度上决定其创业成败。尤其是在目前产品日益同质化、市场有限、竞争激烈的情况下，创业者不但要能够守正，更要有能力出奇。

第三节　创业者的重要素质

创业者的素质，是指创业者自身所具备的基本条件和内在要素的总和。创业能否成功，与创业者的素质关系极大。著名管理专家拜格雷夫（Bygrave）将优秀的创业管理人素质归纳为：①理想；②果断；③实干；④决心；⑤奉献；⑥热爱；⑦周详；⑧命运；⑨金钱；⑩分享。

美国的多曼（Doman）在《事业革命》一书中提出了创业者的5种人格特征：①愿意冒风险；②能分辨出好的商业点子；③决心和信心；④壮士断腕的勇气；⑤愿意为成功延长工作时间。

以上对创业者素质的划分大体概括了成功创业对于创业者的内在要求，创业者成功的途径各有千秋，有关创业者素质的界定也是不尽相同，但根据我国的创业环境及众多成功案例，我们把创业所应具备的素质归列为以下几点。

一、强烈的创业欲望

要想取得创业的成功，创业者必须具备强烈的实现自我、追求成功的创业欲望。强烈的创业欲望能帮助创业者克服创业道路上的各种艰难险阻，将创业目标作为自己的人生奋斗目标。

创业者的欲望与普通人的欲望的不同之处在于，他们的欲望往往超出他们的现实，需要突破他们现在的立足点，打破眼前的樊笼，才能够实现。所以，创业者的欲望往往伴随着行动力和牺牲精神。

而成功创业者的欲望，许多来自于现实生活的刺激，是在外

力的作用下产生的，而且往往不是正面的鼓励型的。刺激经常让承受者感到屈辱、痛苦，也经常在被刺激者心中激起一种强烈的愤懑、仇恨与反抗精神，从而使他们作出"超常规"的行动，唤起"超常规"的能力。

二、良好的心理素质

所谓心理素质是指创业者的心理条件，包括自我意识、性格、情感等心理构成要素。作为创业者，他的自我意识特征应为自信和自主；他的性格应刚强、坚持、果断和开朗；他的情感应更富有理性色彩。成功的创业者大多是不以物喜，不以己悲的，面对成功和胜利不沾沾自喜，不得意忘形；在遇到困难、挫折和失败时不灰心丧气，不消极悲观。大学生心理素质的锻炼和培养是非常重要的，在学校应该尽可能多地参与到集体活动和学校的各种社团，如运动会、演讲比赛、学校文艺表演、课外活动、学生会等，通过这些来锻炼和提高自己的心理素质。

并不是每个人创业的道路都是一帆风顺的，时代的宠儿毕竟是少数，多数创业者的创业道路都是艰辛曲折的。因为创业多数时候是步入一个自己陌生的领域，接触陌生的人群，了解陌生的资讯，用自己陌生的思考方式来思考问题，正因为这样也就带来了相当多的困难。因此，只有保证心态的平和才能避免患得患失，避免欠思考的冲动，避免行为与目的的背离，从而更好的面对困境。要保持良好的心态，一方面要加强个人修养，多从历史经验中寻找答案，这样对没有经历的事情就起码有了理论和心理上的准备，甚至可以综合前人行为来解决相应的问题；另一方面要善于学习，心境的起伏多数是因为面对不曾面对的境遇，如果能保持良好的学习状态，经常补充新的知识，尽量减少这种陌生感，心境也就自然不会有太大起伏了。

所以说，创业是艰难的，在创业的过程中难免会遇到各种苦恼、挫折、压力甚至失败，这就要求创业者必须具备承受挫折、迎接挑战的心理素质，而这些素质的培养就是靠增强自己的创业信心。对创业者来说，必须树立这样一个理念：你一定会赢。困难、挫折乃至失败，都是暂时的，关键是如何吸取教训继续前进。哪一天你的自信没有了，你泄气了，那一切也就完了。创业难，守业更难，即使成功创业之后，还要苦心经营，更需要良好的心理素质。总之，只有具有百折不挠的精神，才能到达胜利的彼岸。

三、良好的身体素质

身体可以说是创业的本钱。创业时，每天都要承受着最长的工作时间和紧张的工作压力，如果身体不好，必然力不从心，难以承受重任。这就要求我们要身体健康、体力充沛、精力旺盛、思维敏捷。在校期间，要培养良好的生活习惯，保持规律的作息时间，多参加体育锻炼。只有拥有了健康的体魄，才能去拼搏、去创业。

四、良好的文化素质

文化素质一般集中体现在思想道德、专业知识、人文知识和思维方式上。思想道德是青年创业者必备的条件。创业者在创业过程中必须具备一定的道德修养，鄙视虚伪，尽心竭力做事。不能为了蝇头小利而不讲诚信，不择手段，甚至做危害国家公共利益的事情。创业者应该明白，只有在实现社会价值的过程中才能实现自身的价值。

知识素质对创业起着举足轻重的作用。在竞争日益激烈的今天，单凭热情、勇气、经验或只有单一专业知识，要想成功创业是很困难的。创业者要进行创造性思维，要作出正确决策，必须掌握广博知识，具有一专多能的知识结构。具体来说，创业者应该具有这些知识：了解相关政策及有关法律，能够依法行事，用法律维护自己的合法权益；了解科学的经营管理知识和方法，提高管理水平；掌握与本行业本企业相关的科学技术知识，依靠科技进步增强竞争能力；具备市场经济方面的知识，如财务会计、市场营销、国际贸易、国际金融等；具备一些有关世界历史、世界地理、社会生活、文学、艺术等方面的知识。

所谓人文知识，是关于理想人性和如何实现理想人性的知识，即如何做人的知识。商场上有一句格言：商道即人道。有志于创业的大学生在自我塑造的过程中，要努力学习人文知识，学会做人。

思维方式是文化素质的最终表现形式。作为一个创业者，要勇于打破自己的思维定势，冲破原有的思维约束，敢想敢做。

五、勇于创新的精神

中国企业家调查数据显示，选择最能体现企业家精神是"勇于创新"的比例最高，达到47%。创业者不能只拘泥常规，死守陈条。成功的新创企业业主常常是先声夺人。金利来领带的创始人曾宪梓曾说："做生意要靠创意而不是本钱！"在竞争激烈的市场中，缺乏创新的企业很难站稳脚跟，改革和创新永远是企业活力与竞争力的源泉。

成功创业者往往以旺盛的精力、创造性的思维解决问题，不愿意墨守成规，采取简单重复的方法完成任务。他们的成功不仅表现在当解决问题的方法无法实现预期目标时的调整能力，更表现在不断打破常规，寻求新的、更有效率的方法完成任务。

六、强烈的竞争意识

竞争是市场经济最重要的特征之一，是企业赖以生存和发展的基础，也是立足社会不可缺少的一种精神。人生即竞争，竞争本身就是提高，竞争的目的只有一个——取胜。

随着我国社会主义市场经济从低级向高级发展，市场竞争也愈来愈激烈。从小规模的分散竞争，发展到大集团集中竞争；从国内竞争发展到国际竞争；从单纯产品竞争，发展到综合实力的竞争。因此，创业者只有敢于竞争，善于竞争，才能取得成功。

七、良好的团队精神

创业者对于团队成员是否重视，是否能够兼容并包，在一定程度上决定着创业是否成功。创业者普遍存在着难与别人合作的倾向，许多合作不欢而散，原因一是个人过于主观，怕被别人轻视，二是利益上的冲突难以协调。但是，对于企业来讲，协作是非常重要的，许多情况下把人员组织好，就可以作出很好的业绩来。

并不是说，创业者必须完全具备这些素质才能去创业，但创业者本人要有不断提高自身素质的自觉性和实际行动。提高这些素质的途径，一靠学习，二靠改造。要想成为一个成功的创业者，就要做一个终身学习者和改造自我者。哈佛大学拉克教授讲过这样一段话："创业对大多数人而言是一件极具诱惑的事情，同时也是一件极具挑战的事。不是人人都能成功，也并非想象中那么困难。但任何一个梦想成功的人，倘若他知道创业同胞需要策划、技术及创意的观念，那么成功已离他不远了。"

【案例】

绿园天星张志旭"星火燎原"的创业与人生

他是发扬合作社文化的弘扬者、他是在农村艰苦创业的开拓者、他更是带动农民共同致富的领跑者，他让千百年来低端循环的农产品跃上了高速运转的市场平台。他本人也先后获得了"国家级示范合作社青年创业致富带头人奖""北京市示范社""先进农民专业合作组织奖""科技致富青年带头人"等荣誉称号，与此同时，他曾还是"中国中医研究院望京医院主治医师"。他就是北京绿园天星蔬菜种植专业合作社的创办者张志旭。

一、新星腾跃正逢时

北京绿园天星蔬菜种植专业合作社是一家集种植、加工、仓储、配送、销售、技术推广于一体的合作经济组织，在改革开放的浪潮中不断蓬勃发展，全社种植面积达到1 512亩，有800个暖棚，300凉棚，果树种植面积200亩，现已是京南大地上一道亮丽的风景。而缔造蔬菜专业合作社王国的张志旭，如何想到放弃城里的一切回到农村发展？如何开启了创办蔬菜专业合作社之路？他又有着怎样平凡而又曲折的经历呢？

当年的高考状元，本硕连读的高材生，从主治医师，从回乡务农到摸索前进至今，一路走来尝尽人生百味的张志旭最终成功地创办了绿园天星品牌。

2006年9月17日这一天，可谓是张志旭生命中难以忘怀的日子，那一天他陪伴爱人从繁荣都市到乡下农村老家的日子，那一刻他想得更多的是和妻儿在一起的幸福与温馨。但现实总是客观存在的，总会有一些不尽如人意，也不可能符合憧憬的那么想当然。进了家门，见到那普通的农家院落，见了已知天命的双亲，还有自己的妻儿，这五口之家的经济来源只有向9亩承包地要账，二老要赡养，女儿要长大读书，自己和爱人的经济收入也断了线。此时，志旭的脑子里下意识地感到一种压力，这个压力就是两个字——责任，自此，这两个字总也挥之不去，成了永久的定格。责任当头，他选择了担当。他知道周围的一切都是陌生的，能拿出手的全部资金，仅仅370块钱，他把想干的不想干的都想过了，把愿意干的不愿意干的也想过了，天时、地利、人和这六个大字在脑子里翻来覆去，绞成了一团乱麻，怎么也没能理出个所以然来。他走出了家门，走出了村口。突然，他像哥伦布发现了新大陆一样兴奋不已！第二天，他到邻居家借了一辆破旧的三轮板车，捣腾开了，家人不解地问他，你捣腾这辆破车干什么？张志旭说，我要靠这辆破车捣腾我的事业！他去蔬菜大棚花了120块钱，趸了200千克芹菜上路了。对于别人来说就是去卖菜，可是能说志旭仅仅是卖菜吗？也太有点轻描淡写了，他蹬的哪是一辆三轮车呀，分明是一个家庭命运的重负，是他事业的奠基石。没想到首战告捷，他净赚一百块钱！就这样一憋气就是3个月，这3个月他不仅是卖菜赚了钱，更大的收获是他结识了许多客户，编织了一张不算大又不算小的人际关系和供求关系网络。又一个冬季下来，竟纯挣了三万多，他一分没舍得花，买了一辆小货车，连他自己也闹不清他张志旭有多大能耐，哪儿来的这么大的瘾，哪来的这么足的精神头儿，这一下他如虎添翼，如鱼得水，鸟枪换炮，真的甩开膀子大干了起来。

人，最大的本能是欲望，欲望偏又孕育着一个理想；市场最大的要素是需求，需求偏又派生出个机会。张志旭，这个有着勤奋睿智耐劳坚毅的血缘传统的山东汉子，就揣着这个梦想，把握着这个机会找到了财富大门的钥匙，在菜农和客户的眼神中他感同身受，他认识了自己角色的重要性，他也认识到单打独斗是永远成不了大气候，不会有大作为的。于是他就萌生了一个念头——合作！这个念头在他的心坎上不断充盈，膨胀，升腾……由此，一个全新的设想即将诞生。

二、风雨兼程谋发展

2007年5月的一天，张志旭毅然带领志同道合的6户乡亲，扯起来股份合作共同经营的一杆大旗，就这么着摸索着干了一年，于2008年4月28日注册了北京绿园天星蔬菜种植专业合作社。2008年6月12日召开了第一次全体社员大会，由于合作社给社员们带来了实实在在的利益，被周边的乡亲看在眼里，不到半年的时间入社的农户已经发展到116户，蔬菜大棚种植面积已达300多亩。人多势众，风起云涌，合作社的发展势头一发不可收。2009年2月，又召开了第二次全体社员大会，会议通过并建立了第一支由12人组成的科技指导服务队，为本社成员户提供无偿科技服务，同时也确立了"品牌、人文、康健"的理念和"六个统一"的经营服务模式，为保护社员利益、扩大再生产、积极走向市场奠定了基础，并先后与沃尔玛、家乐福商超对接，签订了长期供货合同，由此初步建立了合作社的供销网络。2009 年 7 月，为适应市场新的需求和不断发展壮大的形势要求，合作社由原来的家庭式经营场地转迁到临街的 120 平方米多功能商用门店房，这时张志旭深深的明白合作社就像个孩子，刚生下来是自己的，长大点是大伙的，长的像模像样了就是社会的。2009 年 8 月合作社又迁至镇政府农副产品中心，政府为合作社配置了两座共 800 平方米总储量 80 万吨的冷藏库，600 平方米的农产品加工车间和 260 多平方米的产品展销厅，此时社员已发展到 380 户，合作社步入了快速发展期。进入 2010 年，随着党和政府惠民政策不断深入民心，农民对合作组织的了解认可，合作社的入社户一下子达到 586 户，拥有温室 800 栋、大棚 500 栋、果树 200 亩的经营资产。

面对合作社快速发展的势头，张志旭制定了"锤炼内功，扩大外沿，树立形象、强化品牌"发展战略，确定了"增收益、保品牌、守诚信"的工作原则，把握了"科技创新、品种创新、服务创新"的关键环节，严守质量、信誉、形象、品牌等重要关口，带领全体社员一心一意搞经济，取得了 2010 年度可喜的成绩，有了盈余，返还社员 23 万元，开创了近三年来逐年健康发展的良好势头。在 2010—2014 年的表彰总结大会上，北京绿园天星蔬菜种植专业合作社被国家九大部委评为"国家级示范社"，北京市政府授予绿园天星合作社为先进农民示范专业合作组织的称号，被镇妇联授予青年科技致富带头人称号，被区政府授予大兴区示范规范合作社，并奖励六辆植保机，享受农药、化肥等农资优惠政策。

在发展的同时，北京绿园天星蔬菜种植专业合作社还不忘回馈社会，以合作社的名义先后为天堂河戒毒中心、天堂河劳教所、北师大大兴附小、大兴四小等单位捐赠产品和实物相当于价值约 28 万元，受到社会各界的好评。

三、共同致富创未来

2015 年，是十三五开局的第一年，当我们问及张志旭在新的一年里，合作社工作的第一要务时，他不假思索地说，为农民增收。并具体的解释说，那就是一个坚持：坚持合作社优化服务的宗旨不变；两个提升：一是提升农民的增收幅度，二是提升合作社的形象地位；三个突破：一是高端客户开发，二是高端产品开发，三是农社对接的关系的开发；四个扩大：一是巩固与扩大农超对接，二是巩固与扩大农校对接，三是巩固与扩大农军对接，四是巩固与扩大农警对接；五个用好：一是用好政策，二是用好科技，三是用好人员，四是用好网络，五是用好平台。

听了这些，我们不由为张志旭和他的合作社的新设想、新思路而振奋，不由得为他的良好发展势头和可喜的进步而骄傲，也不由得为他美丽的梦想即将成为现实而祝福。祝福张志旭和他的社员们，祝福绿园天星，明天更加靓丽，更加辉煌。

参考文献

[1] 庄锋，沈娟. 新型职业农民身份必备 [M]. 北京：中国社会出版社，2010.

[2] 罗昆，邓远建，严立冬. 新型职业农民创业理论与实务 [M]. 武汉：湖北科学技术出版社，2014.

[3] 唐仲明，曹建辉，刘晓，等. 务工与劳动保护常识 [M]. 济南：山东科学技术出版社，2014.

[4]《新型职业农民科技培训教材》编委会. 农机使用与维修（新型职业农民科技培训教材）[M]. 成都：电子科技大学出版社，2012.

[5] 张贵星. 论社会转型期农村家庭美德建设 [J]. 安徽农业科学，2007，35（16）：4 976 – 4 977.

[6] 陈为，贺德军. 农村家庭美德建设的基本规律和特点 [J]. 产业与科技论坛，2007，6（6）：10 – 12.

[7] 陈为，陈莹花，龙井仁. 农村家庭美德建设现状分析与对策研究 [J]. 未来与发展，2007（4）：26 – 29.

[8] 丁友文. 新农村建设与农民主体意识的构建 [J]. 华东理工大学学报（社会科学版），2011，30（2）：137 – 140.

[9] 周占杰，李俊清. 新农村建设中农民素质问题研究 [D]. 中央民族大学博士学位论文，2010.

[10] 刘鑫森，梁素贞. 新农村社会公德建设问题研究 [D]. 河北大学硕士学位论文，2011.